一看就懂的极简收纳

王晓松 编著

小家变大家的收纳整理术

中国电力出版社
CHINA ELECTRIC POWER PRESS

内容提要

要保持良好的家居环境，日常生活中的整理和收纳十分重要。本书从居住观念入手，强调规划和维护，强调家居整洁的持续性。书中内容细致地讲解了家居收纳规划、收纳创意和收纳方法，并结合不同家居空间的收纳需求，对该空间的物品收纳做了详细的收纳指导。同时，书中以超实用的参考案例帮助读者实现整洁的居住环境。

图书在版编目（CIP）数据

一看就懂的极简收纳 / 王晓松编著 . — 北京 : 中国电力出版社 , 2022.7

ISBN 978-7-5198-6726-3

Ⅰ. ①一… Ⅱ. ①王… Ⅲ. ①家庭生活－基本知识 Ⅳ. ① TS976.3

中国版本图书馆 CIP 数据核字（2022）第 065816 号

出版发行：中国电力出版社
地　　址：北京市东城区北京站西街 19 号（邮政编码 100005）
网　　址：http://www.cepp.sgcc.com.cn
责任编辑：曹　巍（010-63412609）
责任校对：黄　蓓　王海南
装帧设计：张俊霞
责任印制：杨晓东

印　　刷：北京瑞禾彩色印刷有限公司
版　　次：2022 年 7 月第一版
印　　次：2022 年 7 月北京第一次印刷
开　　本：710 毫米 ×980 毫米　16 开本
印　　张：11
字　　数：212 千字
定　　价：68.00 元

前言 PREFACE

在居家生活中，“物”的存在不容忽视，如何将其进行合理安置，是考验居住者平衡取舍、统筹规划的一项能力。由于家中物品会随着时间和成员的变化而增多，很多家庭都被繁多的生活用品所累，觉得空间永远也不够用。但实际上，保持整洁的家居环境需要养成良好的收纳习惯，以及掌握一些收纳技巧。

本书语言通俗易懂，并融入了大量手绘图和实拍图，让读者轻松上手的同时，又给予了读者视觉享受。书中不仅收录了无需改变格局就能轻松让“小家变大家”的详尽的收纳整理术。同时，又针对性地从实用的角度总结了大量的收纳技巧和生活小窍门。书中还包含了十大空间的住宅收纳设计，逐个破解客厅、餐厅、卧室、儿童房、书房等空间的收纳设计问题，打造易于收纳、整理的住宅。

本书从业主的需求出发，让未进行装修和装修格局无法改变的、有收纳需求的读者都能找到适合自己的收纳方法。

编者

2022 年 6 月

目 录 CONTENTS

第3章 收纳技巧 动动脑、动动手，让家轻松扩容30%

第4章 单品收纳 东西再多，收纳也要“对症”

第1章

收纳起点

明确家人习惯，做好收纳评估

想要有个适用、合用的收纳空间，使用者要根据自己和家人的生活习惯，以及购物爱好，哪类物品居多、使用频率的多少等，做好收纳规划。这样有助于深入地了解自己和家人的收纳需求，打造更合适的收纳空间。

01

预估收纳数量：是合理收纳的前提

物品的大小及数量，关系到所需收纳空间的大小，因此不但需要清楚家里现有多少东西，而且还要预估未来需要多少东西，这样才能做到合理收纳。

1. 尝试做一次收纳诊断

为客观地审视家中的物品总量，可以尝试自己为整个家做一次收纳诊断，以了解需要收纳物品的总量和收纳需求、下定收纳决心。

收纳关键点

收纳诊断步骤

第一步：把家中所有的房间和可用于收纳的空间都拍下来，通过照片审视家中物品的总量，了解自己每天看惯了的场景到底有多少东西。也许直到你看到照片，才惊奇地发现原来自己家有这么多物品，才真正下定收纳决心。

第二步：找一张纸或一个本子，按客厅、卧室、卫生间、厨房、书房、玄关、衣帽间的空间顺序清楚地对身边所有物品进行分类定位，如实记录，从而了解家里有哪些东西。

2. 预估未来 5 年内可能增加的物品

（1）清楚了解家庭成员结构

对未来 5 年家庭成员结构要有一个清楚的认知。如果只是二人世界，规划收纳空间要简单方便得多。如果是新婚夫妇，则要考虑婚后是否要小孩以及小孩数量，并考虑老人是否需要长期一起居住。这种情况，收纳空间规划起来就要复杂得多，需要考量的因素也较多。

（2）了解家人购物倾向及潜在购物能力

清晰列出家庭成员每个人的购物能力、购物倾向，从而根据物品特点有针对性地规划空间。比如，女主人平时购物较多，并且非常喜欢购买丝巾、化妆品等物品，则在规划时就要根据这种购物特点专门设计相应的收纳空间；而男主人平时喜欢看书、收藏艺术品，在书及艺术品方面有较强的购买能力，则规划时书柜、展示柜是必须要考虑的内容。

▲对于打算要或已经有孩子的家庭，如果客厅足够大，可以单独隔离出孩子玩耍的空间，既能保持客厅整洁，又能保证孩子安全。

▲饰品墙不仅能解决书籍、艺术品的存放问题，也为居室带来了良好的装饰效果，提升居室的“颜值”。

►衣柜分区时，规划出专门的空间来收纳丝巾、帽子、领带等小物品。

附表

收纳物品诊断表

将家里的所有物品种类填到这个表格中，标记出其适合的收纳空间。

序号	物品	合适的收纳位置
1	各种遥控器	
2	看电视时的休闲零食	
3	书籍、杂志	
4	相册	
5	收藏品	
6	电器使用说明书、票据	
7	药品	
8	一年四季需要穿的衣物	
9	帽子、围巾、领带、皮带、包包等配饰	
10	床单、被罩、被子、枕头等备用品	
11	旅行箱	
12	儿童玩具	
13	文具用品	
14	电脑及电脑周边用品	
15	锅具、铲勺、刀具、砧板等厨具	

续表

序号	物品	合适的收纳位置
16	杯盘碗盏等餐具	
17	各种调味料	
18	各种食材	
19	厨房小家电	
20	洗碗布、抹布，以及洗涤剂等清洁用品	
21	牙刷、牙膏、洗手液、洗面奶、毛巾等洗漱用品	
22	吹风机、剃须刀等小电器	
23	洗发水、护发素、浴巾、浴球等沐浴用品	
24	洗衣液、消毒液、肥皂等洗涤用品	
25	晾衣架、洗衣袋等小工具	
26	扫帚、拖把、马桶刷等清洁用具	
27	洁厕剂、消毒剂等清洁用品	
28	卫生纸、卫生棉等如厕卫生用品	
29	洗漱盆、洗澡盆	
30	鞋	
31	钥匙、包、雨伞等随身用品	
32	吸尘器、扫地机器人等清洁用具	
33	其他	

02

整理出该丢的物品，来次真正的断舍离

收纳空间不可能是无限的，在清楚地了解家庭现有物品种类和数量后，对真正需要收纳的物品要重新做审视。从所有物品中选择出丢弃物名单，只留下“有必要的东西”，扔掉不需要的东西，这样一来就能腾出更多的收纳空间，物品的存放和拿取也会变得简单轻松。在着手整理时，可以先把物品分成“需要”“不需要”“暂时保留”三部分。之后再好好检查“保留”的那部分。

需要的东西

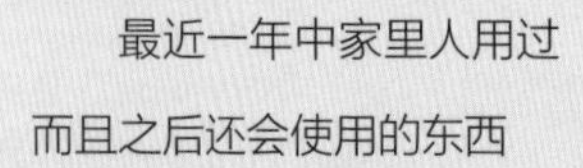

最近一年中家里人用过而且之后还会使用的东西	虽然有一年以上没有用过，但是有预计什么时候使用的东西	经过认真思考还是觉得不能扔掉的东西

不需要的东西

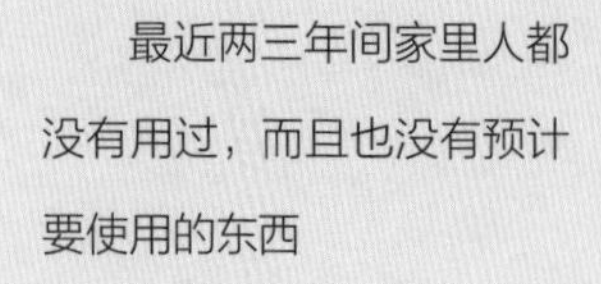

最近两三年间家里人都没有用过，而且也没有预计要使用的东西	坏掉的东西，不能清除污垢的东西	不合爱好的东西

备注： 这几类衣物可以不保留：尺寸不合；穿起来和自己不搭配；已经好多年没穿过。
这几类鞋子和包包可以不保留：鞋子不合脚；因破损无法使用；长期未保养。
这几类餐具可以不保留：有裂痕和破损；不实用；没有场合使用。

暂时保留的东西

无法归类在“需要”与“不需要”范围内的物品，可以先放在保留区里。但也不能一直放着不管，所以需要再次进行筛选，筛选的方法就是“再用一次”。

衣物：如果是衣服，那就穿上看看。这么一来就会发现，有些是尺寸小了或是大了，再也穿不上，或是款式和自己不太匹配，如果是这样那就果断地把它们归类到“不需要”的物品里面吧。

器具：如果是器具也可以用这种方式，把它们拿出来再用一次，用过之后再决定是“需要”的还是“不需要”的。

备注：如果用过之后还是无法决定去留的物品，可以先暂时放在身边一段时间，之后再决定去留。但是一定要给自己设定一个期限，届时再重新审视一次。若是遇到真的舍不得丢弃的物品，也无须强迫自己丢掉，为它们找一个可以妥善保存的位置即可。

收纳关键点

家人的物品由当事人做主

如果是一个人住，自己就能决定物品的去留，但若是一家人同住，千万要避免自作主张的情况。通常物品由家庭女主人整理，当看到一些破旧的东西，或是孩子玩剩的玩具时就会想要清理掉，但是也许这些物品蕴含了家人的某种回忆或是感情，这时清理掉就不好了。所以，即使是家人也要顾及他们的感受，由当事人决定物品的去留，并且让他们协助自己完成收纳整理。

03

整合家人的收纳需求，妥善安置所有物品

除了单身公寓，大多数家庭的组合方式是多人居住，如果不整合家人的收纳需求，妥善安置所有物品，家里就会凌乱不堪。万不可因为偷懒完全交给家庭某一成员单独完成每个房间的规划方案，也不可在不征求家人意见的情况下自己独当一面。一般来说，家庭空间可分为公共空间和私人空间，家中的共用物品占据收纳空间的70%，私人物品占据收纳空间的 30%。

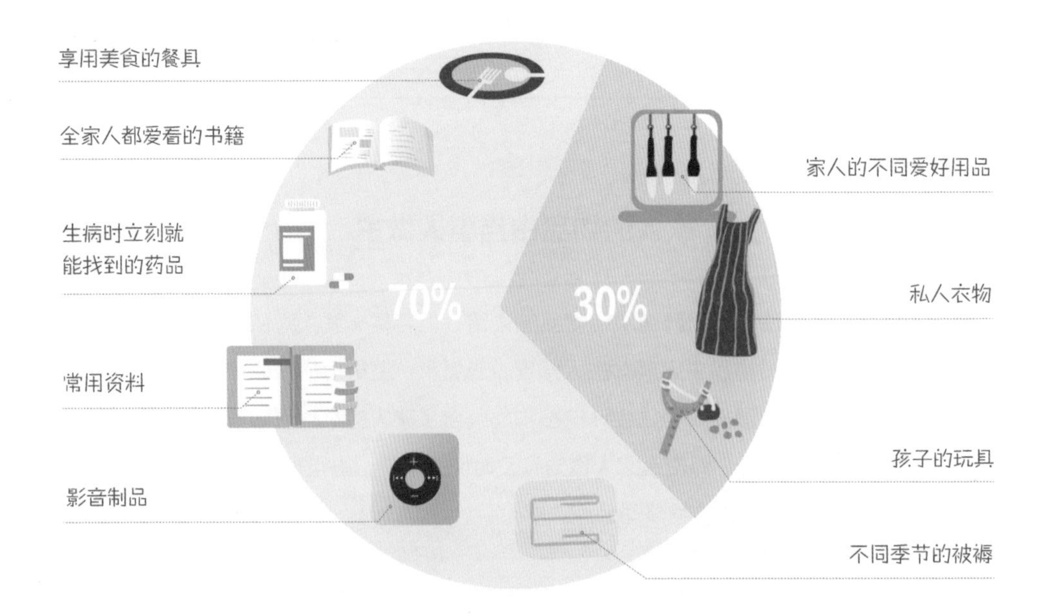

1. 给家人看理想家的模样

为激起家人参与空间收纳规划的欲望，调动他们的积极性，可以尝试给每位家庭成员看理想家的整洁模样。待家人看到在规划之后，自己的家会如此整洁，和现在的凌乱不堪完全变了样子，更接近自己理想家的模样，他们也就更加愿意去认真思考自身的收纳需求，给出更加准确的收纳信息，这样的收纳规划也更客观。

2. 与家人讨论收纳空间的定位

物品的定位是收纳空间规划重要的原则之一，这样，家庭成员既可以轻松地找到所需使用的物品，使用完毕时，也容易找到应放回的位置，以减轻负责整理家务的人的负担。建议与家人针对分类好的物品讨论物品定位的位置及数量，这样才能准确定出收纳空间的位置及大小。一旦确定好物品的指定空间，就不要轻易变动，并请家人共同遵守。

3. 根据使用者特点针对性选择收纳产品

决定了物品的存放位置后，就要选择存放时所必要的器具。需要注意的是要根据使用者的不同来选择不同的收纳器具。

使用人群	要点
儿童	应该用能方便孩子打开，并能看见里面物品的储物箱。如果是一些不便放在抽屉里的小玩具，可以在墙上挂一些收纳袋，让孩子自己动手，从小学习收纳
主妇	应该选用能使家务变得快乐的，别致而有趣的收纳器具
老人	最好选择一些容易打开的，不能移动的收纳器具，因为一些带轮子的收纳器具可能会带来意想不到的伤害

04

理出家中动线，依生活习惯指定物品收纳空间

如果孩子的玩具放在大人的房间里，大人的衣物堆到孩子的空间中，厨房操作区的调味品放在很远的位置，打扫卫生还需要去别的空间取打扫用具……那很大一部分原因就是家中的动线规划不合理。动线，简单来说是人们在家里的活动轨迹。根据家人的生活习惯和实际需求，采用“动线设计”，令物品的拿取符合家人的使用习惯和物件使用的场景频率，不仅贴合生活习惯和节奏，也可以令空间呈现出符合个性化的本真生活形态。

收纳关键点

物品尺寸要符合收纳空间

在规划收纳空间时需要考虑收纳物的尺寸及形式，特别是收纳空间的深度问题。收纳空间过深，容易造成空间浪费，过浅则不容易拿取物品。日常用品的收纳深度一般在 300~450mm，衣物则需要 600mm。

物品要收纳在经常使用的空间

收纳物品时不仅要考虑物品的形状和数量，更要注意其所在空间，这样使用起来才会更加方便。而且将物品收纳在各个空间，整理起来也会比较省事。像平时穿的鞋子就应该放在进门处的鞋柜里，并且不常穿的放在里面，常穿的放在最外面容易拿取的地方。

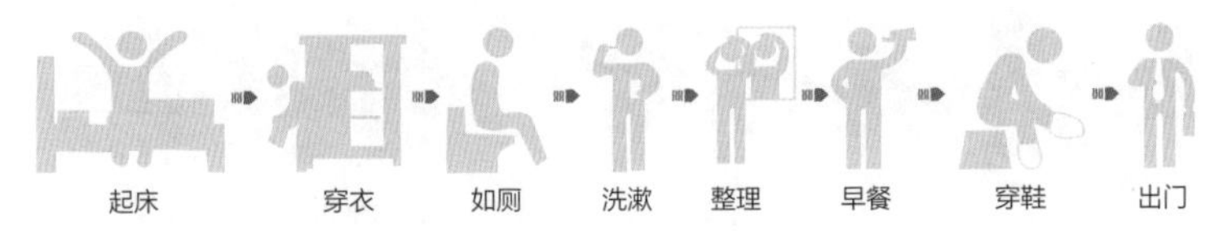

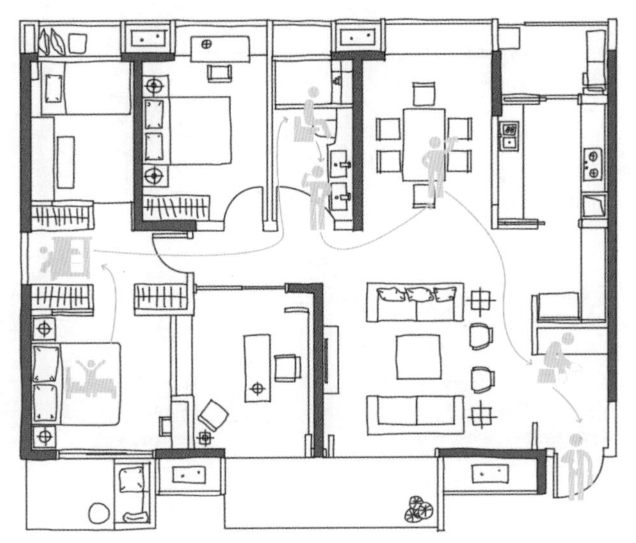

▲日常清晨从起床到上班的路线

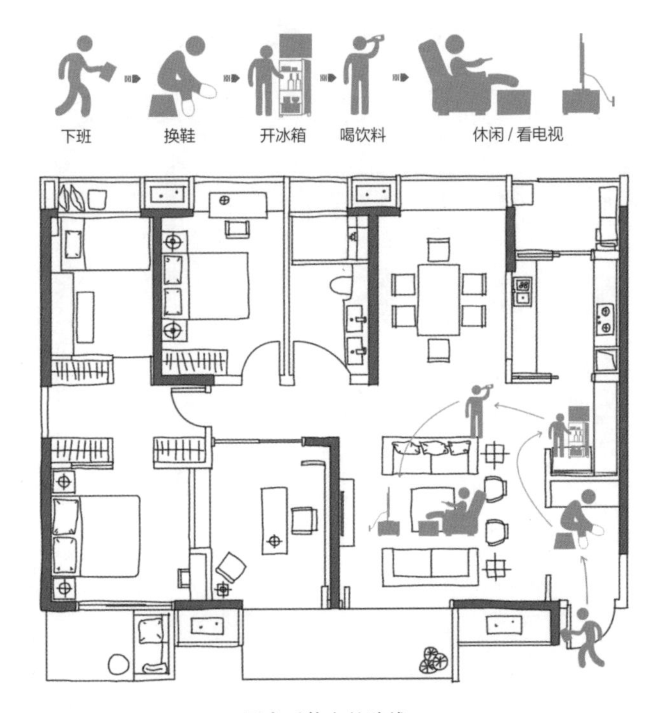

▲回家后休息的路线

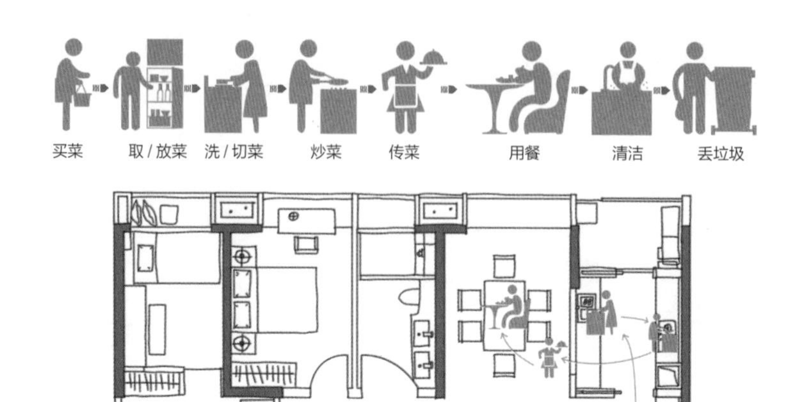

▲买菜回家做饭的路线

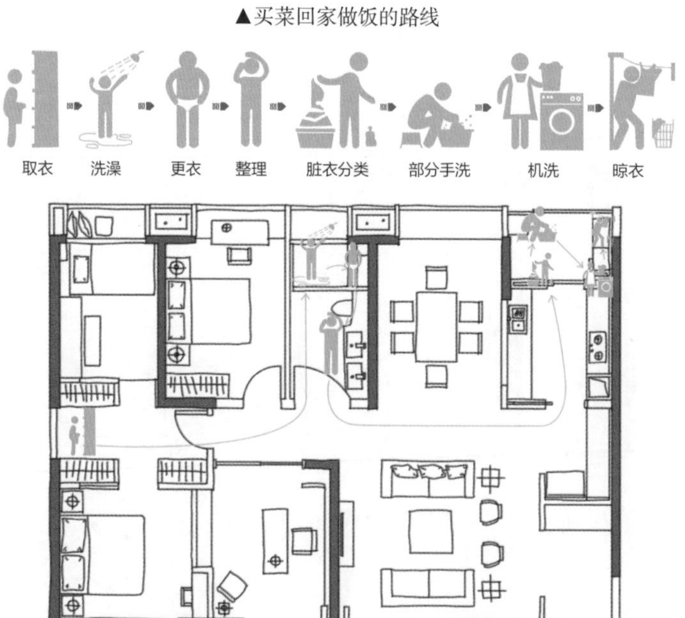

▲洗澡洗衣的路线

通过上面的日常生活中的常用动线，我们可以归纳出家中主要空间的收纳设计。

第2章

收纳核心

合理规划空间，塑造家居整洁面貌

家居空间无论大小，都需要做到合理收纳。如何在有限的空间中将更多的东西“塞”进去，是家居收纳时非常关注的事情。不同的家居空间，所对应的收纳方式既有共同点，也各有特性。因此，针对空间进行合理的收纳规划，不仅可以令家居空间呈现出整洁的面貌，而且在一定程度上还可以起到装饰的作用，可谓一举两得。

01

客厅：二分“藏”八分“露”的收纳诀窍

客厅在家庭中集会客、视听、休闲于一身，人们赋予客厅的重任越多，其堆放的物品就越多。尤其像遥控器、报刊书籍、零食等各类杂物，如果没有合适的收纳，整个空间就会显得十分凌乱。因此，客厅中往往摆放茶几、边几等家具来对空间中的物品进行收纳。需要注意的是，客厅作为活动最多的空间，地面的动线十分重要，尽量不要在地面上摆放除必要家具以外的杂物。

客厅中需要收纳的物品

物品	概述
视听用品	应该用孩子能方便打开，并能看见里面物品的储物箱。如果是一些不便放在抽屉里的小玩具，可以在墙上挂一些收纳袋，让孩子自己动手，从小学习收纳
零食	应该选用能使家务变得快乐的，别致而有趣的收纳用品
书籍、杂志	没有书房的家庭，往往会将书籍存放在客厅，有时也会将可以躺在沙发上翻阅的书籍收纳在此
个人的喜好及纪念用品	如 CD、照片、儿时珍藏等
各类需要保留的纸质物品	如电器的使用说明书、票据等
全家人都会用的生活必备品	如药品、指甲剪等

1. 提前规划收纳方位

收纳方位 1：飘窗

如果客厅是凸窗设计，可以在窗下做一个木作的沙发座，平时居住者可以坐在上面休息，掀开门板就可以看到下面的收纳空间。如果客厅是平窗设计，则可以靠窗做一条休闲长椅，长椅本身也可以成为一个收纳柜。

▲利用阳台的一侧制作飘窗柜，以及嵌入式收纳柜，为家居环境提供了丰富的收纳场所，开放式的隔板也使空间的表情显得不再刻板

▲飘窗柜与沙发相连，形成了一个完整的半围合区域，在具备收纳功能的同时，也为空间的休闲、会客提供了空间。此外，飘窗柜还可以作为临时的休憩场所，功能十分丰富

收纳方位 2：电视背景墙

客厅中的电视背景墙是一个很好的收纳空间。可以根据空间需要选择有隔板或柜子的整体式电视墙，同时根据家里的物品状况选择储物形式细化一些的款式，例如摆件多就选择隔板类，需要隔绝灰尘的可选择柜子多的，需要承重量大的则可选择开敞格子式。

▲对于有较大收纳需求的家庭，可以定制一个有“藏”有“露”的电视柜，将心仪的书籍、装饰品等展示出来，而一些全家人共用的生活必需品或季节性用品收纳在柜子中

电视柜收纳设计图示

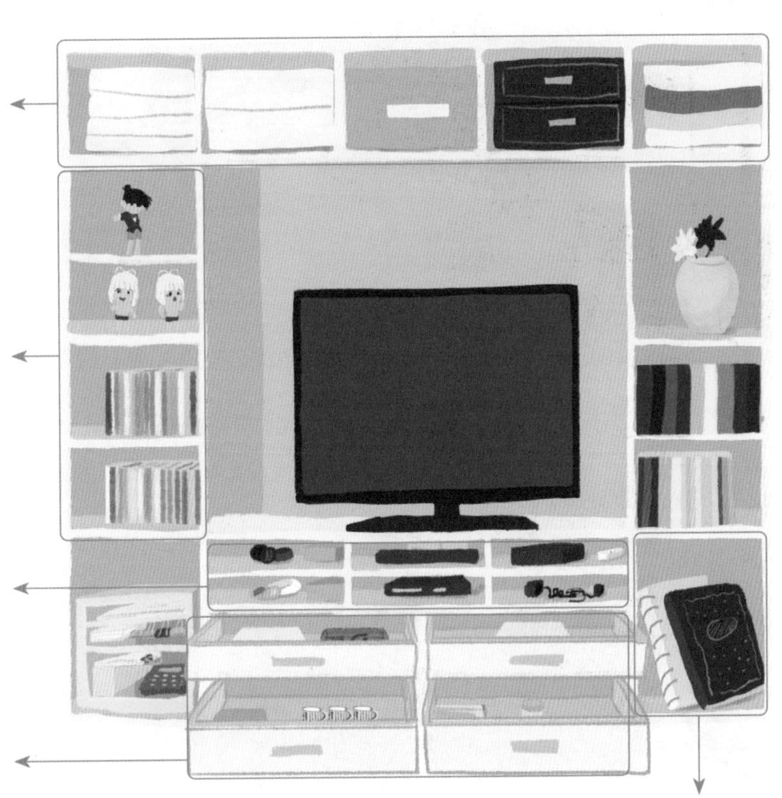

高部柜：适合放置一些不常用的季节性小家电，如风扇、暖风机、加湿器等；或者换季的被褥，也可以放置一些节庆道具

中部柜：适合放置平时看的书籍以及一些适合展示的喜好品，如 CD 或手办等

中部柜格：适合放置机顶盒等小型的视听辅助用品

下部抽屉：适合放置全家人共用的小件物品，抽屉最好做分隔处理

下部柜：适合结合收纳单品来存放各种票据，以及存放影集等有纪念意义的物品

收纳方位 3：沙发背景墙或其他墙面

沙发背景墙是一个很大的收纳空间，规划这个空间时可以考虑开放式的家具，兼顾收纳和展示的功能。如果想要简单点，设计一些隔板就好，然后在上面放些相片或小工艺品，同样也能为客厅增色。或者可以将沙发背景墙做“挖洞”处理，塑造出一面更具层次感的墙面；需要注意的是，墙面“挖洞”一定要请专业人士施工，切不可盲目进行。另外，客厅中除了电视背景墙和沙发背景墙之外的其他墙面也是用来收纳的好位置。

◀一些没有独立书房的家庭，最适合利用客厅墙面打造大容量的书柜进行书籍的收纳。但由于电视墙的主要功能为视听，墙面过于杂乱会影响观看电视的效果，因此最好选择沙发背景墙来打造

◀一些空间面积有限的家庭，则可以打造嵌入式墙面收纳柜，既节省空间，也能够为一些心爱的工艺品、绿植等提供容身之所

2. 结合动线合理收纳

客厅常见动线

设计要点 1：茶几周边适合收纳零食

有些居住者喜欢在看电视时吃零食，但很容易堆满茶几，显得家里十分凌乱。不妨选择一款带有收纳功能的茶几，多抽屉的形式可以分门别类来储存。

▲带有强大收纳功能的茶几可以存放零食等物，令空间显得干净整洁

如果喜欢北欧风的圆形尖腿小茶几，则可以配置一个带有储物功能的收纳凳，将零食收纳在此，拿取也十分方便；或者在沙发、茶几的空余空间放置收纳筐、收纳盒，都可以很好地解救零食收纳问题。

利用收纳筐和收纳凳盛装零食，保证家中的整洁

除了选用体量略大的家具之外，也可以在茶几上摆放一些糖果收纳盒、零食罐、水果盘等，不仅满足了收纳需求，也可以成为空间中很好的装饰物，一举两得。但需要注意的是，数量不宜过多，且风格要与整体空间保持一致。

▲将休闲及会客时食用的水果、零食等用果盘盛放，使空间整洁有序的同时又不失温馨

设计要点 2：茶几台面和沙发周边适合收纳遥控器

电视遥控器、空调遥控器等都会出现在客厅中。一般情况下，我们会将遥控器的收纳位置定位在茶几上，拿取方便。但不建议选用遥控器专用立架，占用茶几使用空间不说，也很少有人会按照设定的格子放置遥控器，最终往往不是遥控器找不到，就是把遥控器随手扔在了茶几上，解决不了收纳问题。实际上，遵循简单收纳的思维，只需在茶几上放置遥控器的托架或托盘即可，既可以随手放置，又为遥控器找到了固定收纳的位置。

此外，还可以在沙发扶手处搁置一个布艺收纳袋，存放遥控器等小物件。虽然这种收纳袋也被进行了分隔，但与遥控器专用立架不同的是不会占用空间，并且位置隐蔽，使用完后随手插入也不会显得凌乱。

遥控器的收纳形式

设计要点 3：边几、边柜适合收纳少量书籍和抱枕等读物

有些家庭没有单独的书房，因此会将阅读功能设置在客厅中。如果家中的书籍、杂志数量并不是特别多，可以在沙发旁边摆放小型的开放式边几柜，既方便拿取，又不会占用过多的空间。同时，边几的台面也是摆放相框和台灯的好地方，具有收纳功能的同时，也能为家居空间增添美观度。

▲沙发旁边的小书柜可以放置喜爱的书籍，拿取十分方便

设计要点 4：交流动线区域适合收纳会客用品

客厅也兼具着交流功能。从玄关到客厅，或从客厅到其他房间，动线设计合理可以让客厅看起来更透亮、简洁，室内动线不能穿越会客区，以避免对谈话的各种干扰。同时围绕这个区域可以收纳一些会客时需要用到的茶叶等物。

▲围合式沙发摆放形成一个完整的交谈区域，不会造成空间的动线混乱

3. 客厅收纳的有效方式

收纳方式：大家具搭配小物件的收纳方式

在收纳位置的安排上，千万不要把分好类的东西都堆在一处，要解决客厅空间有限和收纳物品过多之间的矛盾，就要学会有技巧地储物和收纳。需要对客厅的布置规划有一个基本的思路：合理选择和放置电视柜、书柜等大件家具，并充分利用它们来进行物品储藏；同时也可利用小件的储物工具配合大件家具以增大空间的使用率。

▲配套的电视柜和茶几进行组合收纳，令空间的整体感更强

02

餐厅：整洁的用餐环境来自不将就的生活态度

餐厅是一家人享受美食的地方，既要保证干净整洁，也要拥有适合的装饰。餐厅相对于客厅、卧室等空间，需要收纳的物品相对较少，一般一个餐边柜就可以搞定所有收纳问题。除此之外，餐厅还可以运用一些富有创意的方法来解决收纳问题，如利用墙面进行收纳，这样的方式可以为家居空间多带来一些亮点。

餐厅收纳形式

餐厅中需要收纳的物品

物品	概述
方便用餐的物品	如可以在用餐时随时拿取的杯盘碗盏、餐匙刀叉等；或者用餐时经常用到的调料
用餐时方便取用的小家电	如吃火锅专用的电火锅，吃烤肉专用的电饼铛等
怡情物品	如可以用来小酌的红酒等，以及各种酒杯

1. 提前规划收纳方位

收纳方位 1：墙面壁龛

利用餐厅墙面设置壁龛，可以收纳一些用餐时可能用到的调味料，或是摆放一些小装饰。这样的规划一般适合餐厅面积较小且没有空间定制满墙收纳柜的家庭。具体操作时，应考虑墙面的承重。

▲墙面壁龛的设置既可以收纳一些调味料等，也令空间的立面变得更具层次感

收纳方位 2：墙面收纳柜

充分利用餐厅墙面制造一个内嵌式收纳柜，不仅可以充分利用餐厅中的隐性空间，而且可以帮助完成锅、碗、盆、勺等物品的收纳。如果家中来客较多，还可以作为用餐时间餐盘菜品的临时放置地，减少来往厨房拿取物品的频率。

▲大容量的墙面收纳柜可以缓解厨房的收纳压力，将常用的餐具收纳在此，方便拿取；再搭配一个小吧台，为进餐时的一些餐盘提供了放置的场所

餐厅墙面收纳柜设计图示

2. 结合动线合理收纳

餐厅常见动线

设计要点 1：常用餐具可以收纳在顺手使用的位置

可以在餐厅备一些常用餐具，避免用餐时临时需要而去厨房拿取的麻烦。装修时，可以考虑在餐厅的墙面设置搁板，将一些常用的餐匙刀叉、杯盘碗盏等摆放在此。但需要注意的是，搁板的承重能力有限，摆放的餐具切忌过多、过重。另外，最好选择色彩淡雅、造型统一的器具，这样才能避免视觉上的杂乱感。

▲在墙面搁板上摆放上一些常用的餐具，方便用餐时拿取

可以摆放餐边柜的空间，设置餐边柜再好不过。餐边柜选择的形态可以多样化。例如，开放式的餐边柜不仅可以方便主人取用餐具，同时合理的摆放及收纳方式，还能够使其成为家中的装饰；封闭式餐边柜则收纳起来更加便捷，只需将餐具摆放整齐即可。但无论何种餐边柜，最好都选择多抽屉的款式，可以更好地收纳杂物。

有藏有露的餐边柜形态

封闭式的餐边柜形态

餐边柜的合理摆放形式

餐边柜可以收纳餐厅和部分厨房用品，减缓厨房的收纳压力，也可以使用餐时光更加便捷。餐边柜和餐桌的摆放形式常见的为平行式和 T 形，若空间面积有条件的家庭建议采用 T 形布局，餐桌和餐边柜“零距离”接触的方式，拿取顺手。

▲ T 形餐桌布置相对于平行式布置取物更方便

设计要点 2：部分锅具或小电器可收纳在餐厅

实际上，日常烹饪中不常用的锅具是非常适合收纳在餐厅中的，既能缓解厨房的收纳压力，也可以很好地缩短拿取动线。在餐厅中，定制整墙式的收纳柜是解救锅具存放的好办法；也可以设置箱体卡座，将涮火锅用的锅具、烤肉用的器具，或是野营时用的烧烤架等放置在此。另外，对于大多数没有西厨的中式家庭来说，将微波炉、烤箱、多士炉等小家电收纳在餐厅中也非常适宜，加热完或烤制完餐品后就可以直接上桌享用。

▲卡座下面定制收纳柜，可以用来存储锅具，充分利用了空间

▲定制收纳柜的储存量较大，可以放置一些小家电；同时，也可以提前规划放置小家电的嵌入式柜体

设计要点 3：红酒及酒杯可利用酒柜或吧台收纳

对于有品酒习惯的家庭来说，在餐厅定制大容量的酒柜是最佳的解决方案。大容量酒柜不仅可以为酒品和酒具找到合适的容身之所，还能满足一些其他用餐器具的存储问题。或者可以在餐厅与厨房、餐厅与其他空间的合适位置设置一个吧台，特意定制可以存放红酒的格子，既解决了红酒的存放问题，同时还十分具有艺术感。

▲大容量的收纳柜，可以很好地解决酒品的收纳问题

▲利用吧台结合红酒架的设计方式，可以提升空间的品质感

收纳关键点

红酒杯的收纳方式

很多家庭在收纳红酒杯时，都是将杯口朝下放置在橱柜、抽屉中，由于不可摞叠，既占用空间，又令红酒杯的装饰价值大打折扣。其实，不妨借鉴一下酒吧收纳红酒杯的形式——将红酒杯挂起来。可以在定制酒柜时，将其思路考虑进来，设置专门倒挂红酒杯的区域。或者购买可以倒挂红酒杯的架子，这样非常节省空间，同时又具有很强的艺术装饰性。

红酒杯收纳形式参考

3. 提前规划收纳方位

收纳方式：提高餐边柜的使用率，且摆放位置应合理

有些家庭虽然在餐桌旁摆放了餐边柜，但由于收纳区使用起来不方便，久而久之，餐边柜的表面也变得杂乱起来。例如，有些餐边柜里面只设置了一两块层板，但由于餐厅常用的物品多为小尺寸，采用层板收纳容易造成“前后堆叠”的现象，使用起来并不方便。

▲定制餐边柜可以将柜体和抽屉充分结合，提升餐边柜的使用率

03

卧室：彻底告别“整不断，理还乱”的环境

卧室收纳形式

卧室是放松身心的地方，因此整洁、舒适是其主要的收纳目标。卧室在收纳方面要做到不杂乱，物品使用起来要便捷。卧室中放置的往往是尺寸较大的衣柜和床组，如何充分利用空间，放置更多的物品，是解决收纳问题的关键。

卧室中需要收纳的物品

物品	概述
衣物	一年四季需要穿的衣物，如外套、裙装、普通下装、上装、内衣、袜子等
配饰	包括帽子、围巾、领带、皮带、包包等
床上用品	包括床单、被罩、被子、枕头等
其他物品	包括旅行箱、睡前书籍等。有梳妆台的卧室，应考虑美妆用品的收纳

1. 提前规划收纳方位

收纳方位 1：飘窗

带有飘窗的卧室，可以在飘窗底部做收纳柜，以扩大其收纳功能；如果不想设计成掀盖的模式，也可以直接在底部预留空间，直接放置收纳箱，可使收纳空间随之加大，也更方便物品的存取。

▲将飘窗的下部空间定制收纳柜，可以增加卧室的储物空间

收纳方位 2：睡床周围空间

可以充分挖掘床头、床尾、床下的空间来进行收纳。卧室的床头空间是增加收纳的好地方，可以制作悬空柜体，既不会占用地面面积，也可以省出不少空间。另外，还可以设置多层搁板来实现密集收纳。如果搁板的进深小，最好选择同一尺寸的物品存放，让利用率最大化；如果进深大，则可根据实际需要随意调整，以满足更多的收纳需求。

▲实际上，床头搁板不适合收纳太多的物品，但摆放一些小装饰能够提升空间的美观度

▲床头的悬空式吊柜既合理地运用了卧室的上部空间，同时也增加了卧室储物空间

如果卧室面积宽敞，可充分利用床尾空间，例如，摆放一个床尾箱或木质装饰柜，不仅可以摆放一些当季要更换的床品，而且可以暂时存放毛毯、饮品器具、小件服装等物件。而睡床下面则可以摆放一些高度适宜的储物篮、筐和纸箱等，能很好地隐藏于床下，而且取用方便。这样的收纳手法既简单，又十分灵巧，既节省了空间，又方便了主人放置小物品。

▲床尾凳与收纳箱组合的形式，既可以临时放置第二天需要穿的衣物，也可以放置日常穿的睡衣

收纳方位 3：整面墙的大衣柜

大型衣柜是卧室收纳的首选，其中定制衣柜最实用，可以充分满足分门别类的收纳需求。但为了方便拿取衣物，要考虑衣柜高度是否满足舒适度要求。以身高为 160cm 的女主人为例，举起手臂能够到的最大高度是 1900mm，因此衣柜最上层隔板最好不要超过 2000mm，衣柜顶部高度最好不超过 2400mm；可将上层隔板设计在距地面 1800mm 处，上层隔板高 600mm，即可轻松取出上层衣物。但如果空间的层高较高，为避免柜子顶上积灰，可以考虑局部吊顶。

▲身高 160cm 的业主最高可以够到 1900mm 的位置

解决办法 1
符合使用者的高度设计

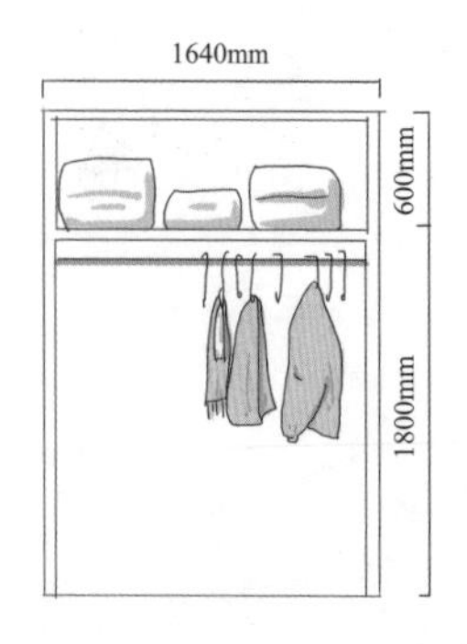

解决办法 2
局部吊顶

衣柜收纳要注意以下几个要点：

①用架子、隔板、抽屉等分割；②经常使用的东西要放在最方便存取的地方；③根据用途决定物品收纳的地方；④抽屉放在视线下方；⑤轻的东西放上面，重的东西放下面。

衣柜收纳设计图示

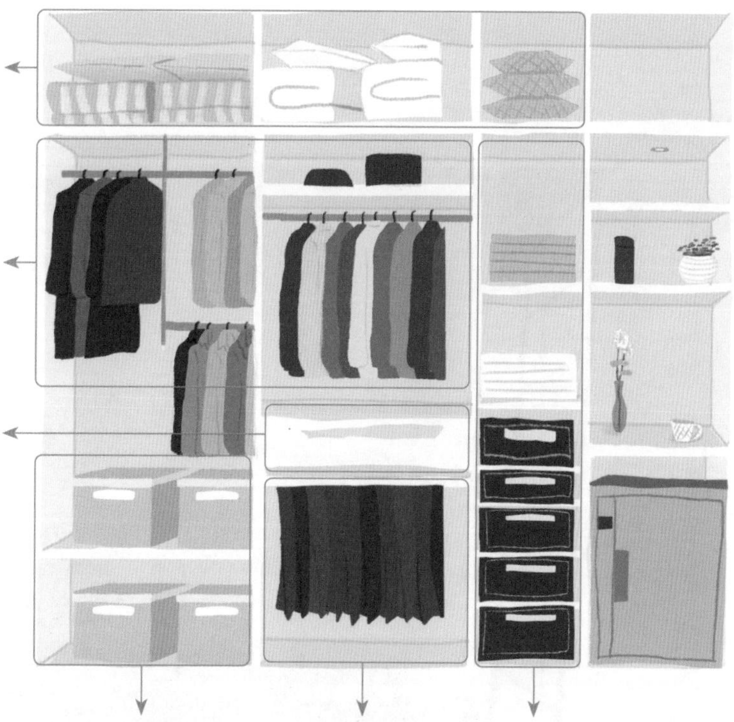

高部扁柜格：利用挂衣杆上方空间，可放置帽子、手包等不宜压折的物品

中上部柜格：挂衣杆长度及固定位置可调节，可将长短款衣服分开挂置

中部大抽屉：可放置折叠衣物

下部大柜格：可存放收纳盒等大件物品

下部挂杆：挂置西裤等

右侧边柜：可设置活动层板，上部可叠放衣物，下部则放置收纳盒

收纳方位 4：收纳量充足的榻榻米

中小户型的家庭，可以将次卧设计为榻榻米的形式。榻榻米整体上就像是一个“横躺”且带门的柜子，收纳功能十分强大。其形态也比较多样，可以根据室内情况以及需要收纳物品的多少，来选择适合的形式。如果对休闲以及收纳需求均不是特别迫切，但希望次卧和书房的功能合二为一，角落榻榻米较为适用。如果希望满足收纳功能之余，还能拥有睡眠、休闲、工作等多种功能，则半屋榻榻米较为适用。如果家中的收纳需求较高，且没有太多的时间清扫房间，则全屋榻榻米是最佳选择。

全屋榻榻米

角落榻榻米

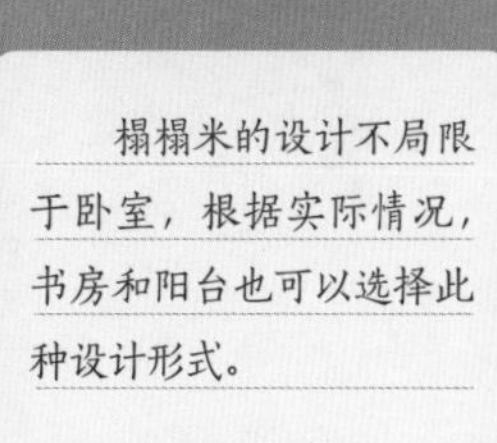

半屋榻榻米

2. 结合动线合理收纳

卧室常见动线

设计要点 1：卧室最好与衣帽间临近

有条件的家庭可以设计贯穿式衣帽间，方便穿过衣帽间进行收纳和整理，很好避免了后期整理问题。

贯穿式衣帽间和卧室的三种组合方式

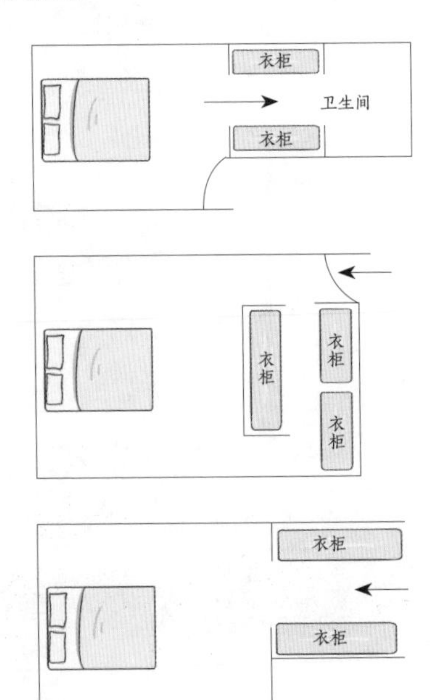

◀ 若户型支持，也可将衣柜设计在去卫生间的途中，这样拿上衣服后便可去洗浴，动线更流畅，但要注意衣帽间的防潮

◀ 利用卧室闲置空间，用衣柜隔出一个衣帽间区域；可更改门的位置，将衣帽间设计在卧室里，更具有私密性；而若将衣帽间设计在卧室外，则更像家人共用的区域

◀ 利用进入卧室的走廊，把衣柜设计在卧室进门处，将走廊和衣帽间结合

设计要点 2：利用床周围的空间，收纳睡前阅读的书籍

许多居住者都有睡前读几页书的习惯，因此可以充分利用床周边的空间来收纳书籍。例如，可以在睡床的两侧专门设计放置少量书籍的空格，或是在卧室背景墙面钉上几块搁板，放一些喜欢的书籍或者小玩意儿，方便实用，还有很好的装饰作用；也可以定制一个带有开放式书格的榻榻米……以上都是非常有创意的收纳方式。另外，也可以利用床头柜进行书籍的收纳，最好选择带有储物格的款式，或者直接用书籍代替装饰品放置在床头柜的柜面上。但无论哪种形式，都不宜放置过多的书籍，而是放置几本当下会看的书，等阅读完之后再换成其他书籍。

▲如果不想在床头墙面大动干戈，选择一款床头带收纳功能的床也是一个不错的选择

▲整个床头背景墙可做一立体式收纳柜，在床头位置留空，则床头可直接靠墙摆放。床头柜的位置做开放设计，方便拿取

设计要点 3：在衣柜中设置专门存放“次净衣”的区域

穿过一两次的“次净衣”不打算清洗，又不想“污染”到其他干净的衣物。不妨考虑设置一个专门悬挂这类“次净衣”的衣柜，这样它们就不会跟干净的衣物接触。设计尺寸无须过大，如只设定成可以悬挂 5 件风衣的宽度尺寸，从而避免这类衣物越积越多。如果没办法配置专门的“次净衣”存放衣柜，则可以在卧室房门后安置免钉挂钩来悬挂这类衣物，为“次净衣”找个临时处所。或者在卧室的角落处放置一个挂衣架，最好再配备一个脏衣筐，这样在挂衣架挂满后，就要有选择地将这类衣物进行挑选，强迫自己清洗这类衣物。

▲开放式挂衣架虽然简单，但实用功能毫不逊色

▲门后挂衣钩能有效节省空间

可以悬挂“次净衣”的区域

设计要点 4：行李箱的存放需要提前规划

由于行李箱有固定的尺寸，无法硬挤，因此最好在大衣柜中事先规划出放置的区域。但很多没有衣帽间的家庭，很难在衣柜中再预留出多余空间来收纳行李箱。那么就要充分挖掘卧室的畸零空间，找到适合放置行李箱的位置。

▲ 事先规划出行李箱的收纳区域，可以避免行李箱无处收纳的尴尬

3. 卧室收纳的有效方式

收纳方式 1：根据大衣柜上、中、下不同的空间收纳不同的物品

大衣柜的上部空间一般搁置不常取用的物品，如大箱子、棉被和一些根据季节变化才使用的东西，但不适合放置过重的物品。大衣柜的中部空间是存取最轻松的黄金区域，可以收纳常用的物品。大衣柜的下部空间可以放置衣服、熨斗、吸尘器、孩子的玩具等，因为蹲下取东西也很方便，但是要注意防潮。

收纳方式 2：巧妙分割分区不明确的大衣柜

对于分区不明确的大衣柜，可以先利用伸缩撑板分割层高过高的衣柜，再添置尺寸合适的收纳盒，把分割后的小空间改造成“抽屉”，再将衣服卷起来或叠成小方块，立着收纳在“抽屉”里，这样做可以令分区不明确的大衣柜利用率提高。另外，在立着收纳衣物时，有时也会出现觉得拿取不方便的情况。这时要检查一下是不是衣物装得太满了，一般收纳到七八分满即可，这样衣物之间留有一定的空间，方便拿取和调整。其次，可以借助分隔板在抽屉或者收纳筐内做一下区隔。

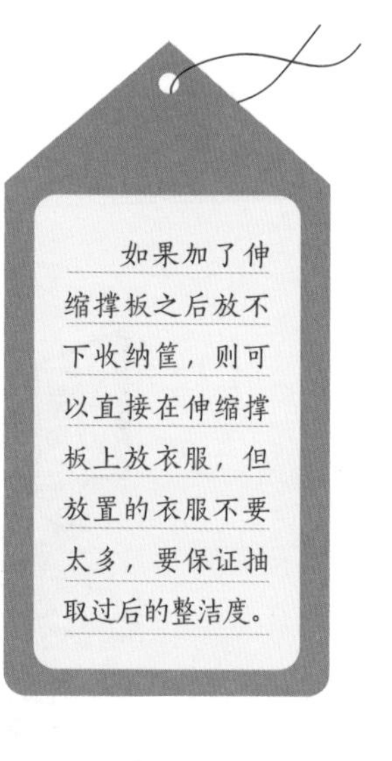

设置伸缩隔板

放置合适的收纳盒

▲除了抽屉式的收纳盒，也可以选择悬挂插卡式的收纳筐，根据柜内空间自行规划分区方式和悬挂深度，同时方便抽拉

收纳方式 3：储物量严重不足，可选用高箱床

如果卧室的储物量严重不足，则可以选择带有收纳功能的高箱床，是十分适合缓解卧室收纳压力的家具。可以将一些换季衣物收纳在此，而卧室中的小衣柜只作为日常衣物的存放处。

▲高箱床是榻榻米的最佳替代品

收纳方式 4：有效分类，可以缓解衣物数量过多的问题

如先将衣物分为 T 恤、衬衣、裤装等，然后按照某一属性再进行一次分类，如将 T 恤按照材质分为纯棉、针织等，或者按照颜色分为白色、彩色等。这样分类的好处是居住者可以轻松地定位到某一类衣服，再从中挑选出需要穿搭的款式，同时方便了不同衣物的穿搭，例如，找到纯棉的白色 T 恤，可以快速匹配休闲的水洗牛仔裤，省时又省力。

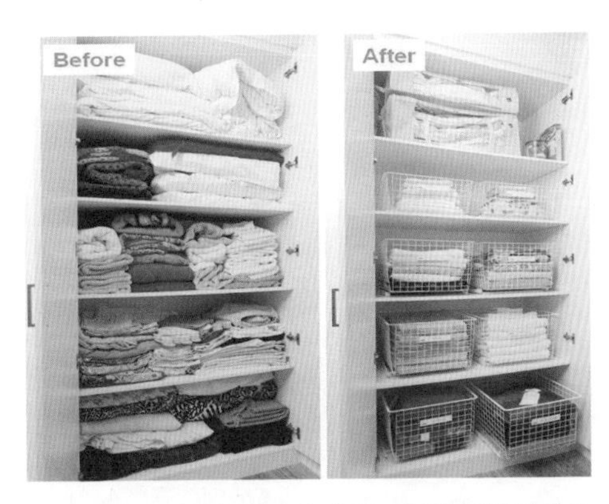

▲将衣服大致按颜色进行分类，再用篮筐辅助收纳，一目了然、方便取用

04

儿童房：蹲下来“看世界”的收纳角度

儿童房中的物品很多，如厚重的被子、玩具、换洗的衣物、零碎的小物件等，如果它们没有一个确定的容身之处，不仅占用空间，还有碍观瞻。另外，儿童房中的收纳物件最好具备体积小、方便移动的特点，留出足够的游戏和娱乐空间供孩子玩耍。

儿童房收纳形式

儿童房中需要收纳的物品

物品	概述
学习用品	如书籍，以及书包、背包等
兴趣班需要用到的相关物品	如画笔、画架、乐器等
玩具	种类非常多样，不同类型的玩具，其收纳方式也有所区分
衣物	一年四季的衣物、鞋袜等

1. 提前规划收纳方位

收纳方位 1：睡床周围的空间

睡床本身可以作为收纳之用，例如可以选择一个带有开放式收纳格的睡床，搭配一些藤编储物篮，这种一目了然的方式，可以清晰地将孩子的玩具进行收纳，让孩子的玩具收纳工作变得轻而易举。若选择的是上下床的形式，则可以利用睡床的栏杆来收纳儿童的毛绒玩具。

▶ 在卧室中铺上柔软的地毯，孩子从收纳筐中拿出玩具就能坐在地上玩耍

收纳方位 2：门后的空间

儿童房中的门后也是理想的收纳场所，这里比较适合收纳儿童的毛绒玩具。例如，可以在门后挂上收纳布袋，或者自制一个挂物袋，缝上松紧带，直接将毛绒玩具插进去，大件的毛绒玩具也一样能找到属于自己的位置。

▶ 充分利用了卧室门，将收纳玩具的布袋悬挂在此，为毛绒玩具找到一处特定的收纳位置

2. 结合动线合理收纳

儿童房常见动线

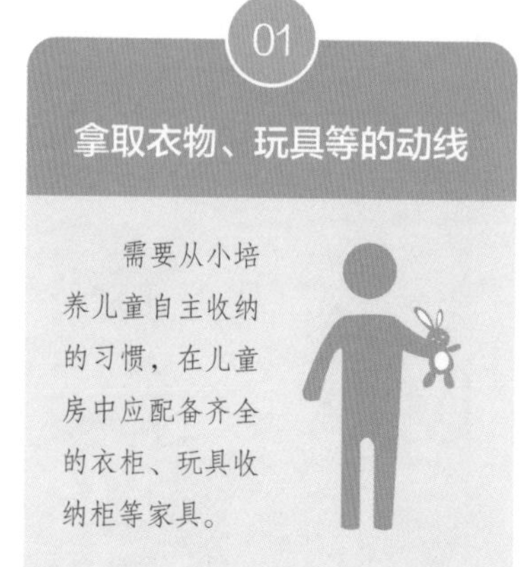

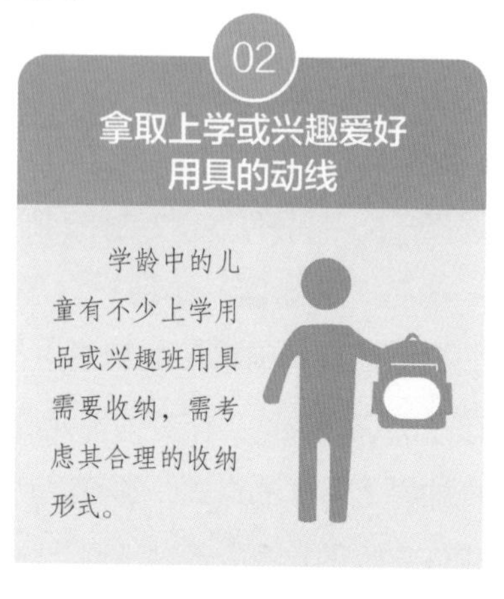

设计要点 1：儿童的衣物应收纳在专属的衣柜中

孩子的衣物收纳同大人一样，常见的方式无非是 3 种：叠好放在柜子里，卷好放到抽屉里，常穿和易褶皱的挂起来。另外，在进行儿童衣物收纳时，重点是要让小孩能自己找到想要穿的衣服，脱下来需要清洗的衣服也能够自己放到洗衣篮里面，这样才能培养孩子的自理能力和良好的生活习惯。

另外，孩子的衣柜关键是要考虑长远使用性，最好选择可移动的搁板，方便孩子因为年龄、衣长的变化来及时做调整。例如，学龄前儿童的衣柜可以分隔为 3 层，学龄期儿童则可以将衣柜分隔为 2 层。具体选择时，还要考虑孩子的身高因素，不要在孩子的头部高度设计抽屉等可以拉出来的配件，以免发生磕碰。

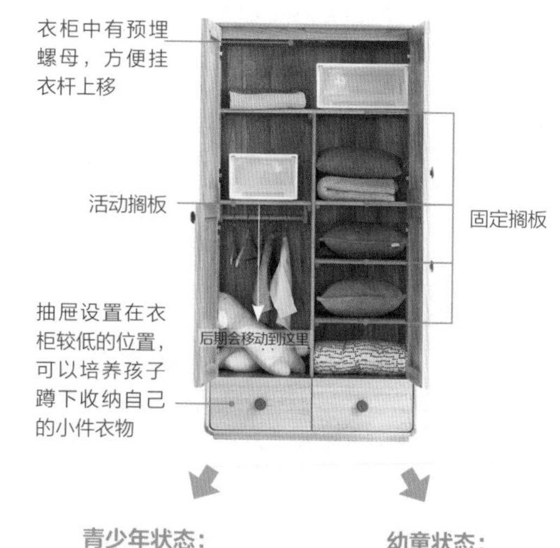

青少年状态：
挂衣区高：1.4m 左右

幼童状态：
挂衣区高：1m 左右

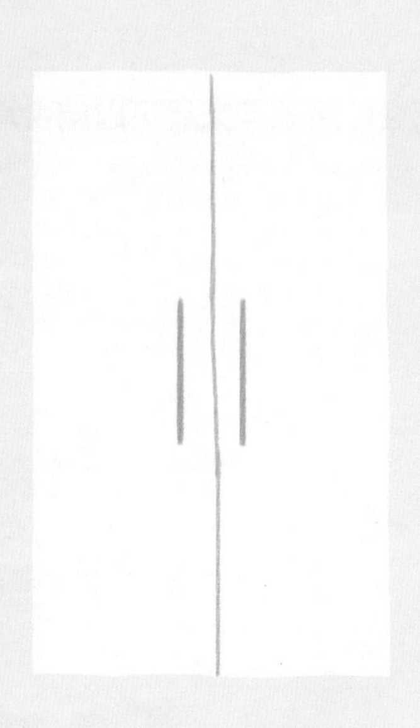

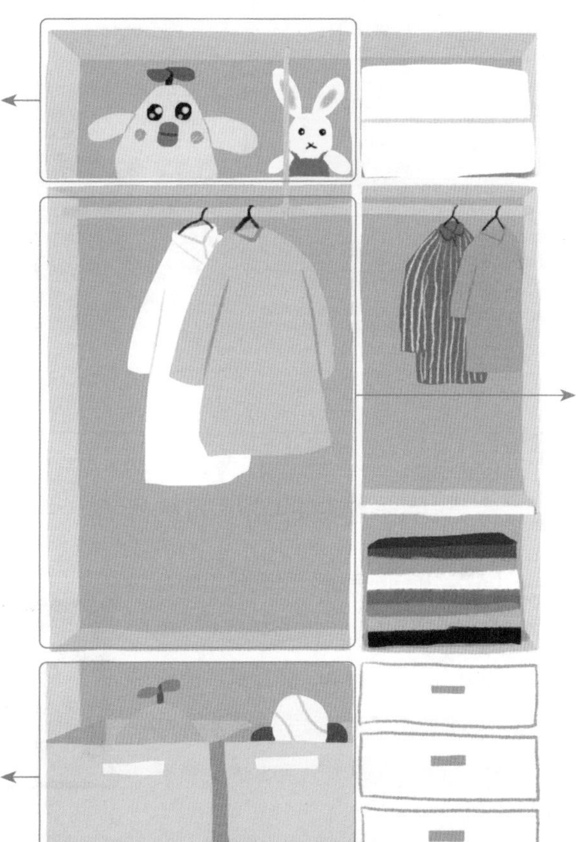

上部柜格：父母代为管理的区域，主要用来存放一些换季的衣物以及不常玩耍的玩具

中部柜格：可以用来放置孩子常穿的衣物，最好设置灵活分隔板，可以根据孩子不同的成长阶段，灵活设置分隔形式

下部柜格：属于孩子的自理区域，可以放置一些经常玩儿的玩具，以及爱好用品；还可以在一侧设置分隔或抽屉，让孩子养成物归原位的好习惯

设计要点 2：绘画等文具可以结合墙面收纳

如果家中有个爱画画的孩子，则各种水笔、蜡笔、彩色铅笔等文具必定不少。可以利用墙面挂上小桶来存放画笔文具，这样可以节省很多桌面的空间。

▶ 因为画笔的颜色本身较多，收纳小桶的色彩最好统一，才不会引起空间上的视觉杂乱感

收纳关键点

擅用多样化的画笔收纳形式

除了墙面收纳，儿童常用的画笔也可以利用透明瓶子分类存放。因为瓶子的材质透明，所以清晰可见，用什么笔直接打开相应的瓶子即可。另外，不用的铁盒也可以辅助收纳，例如将画笔按照不同种类放置于不同的铁盒中，盒面写明收纳的彩笔种类，然后收纳到书柜中，用时才拿出来。

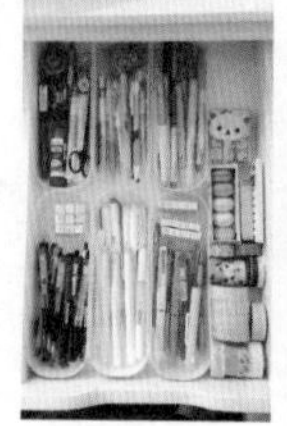

画笔收纳形式

设计要点 3：上学需要的物品应设置专属空间

上学用的书包以及其他物品一定要收在固定的位置。例如，可以在墙面设置颜色鲜艳的挂钩用来悬挂物品，或者在收纳柜中专门预留出一个区域，设置专属的收纳空间，并让孩子养成提前准备的习惯，有效避免出门时的手忙脚乱。例如，在孩子就寝之前，就将第二天上学需要的校服、帽子、书包等物品存放在特定区域。

▶ 在墙面设置彩色的挂钩来吸引孩子的注意力，并将此处设定为特定物品的收纳区

3. 儿童房收纳的有效方式

收纳方式 1：收纳要将生活空间立体化

儿童房中的玩具等物品较多，可以充分将平面的生活空间立体化，如可以将床做高，下面放书桌或衣柜，这样一个空间就能实现两种功能。另外，还可以在墙面做些搁架，用来收纳孩子平时常用的玩具。也可以在儿童房中搁置几个带滑轮的箱子，平时不用时就紧凑地推到一旁叠放起来。

▲在墙面安置搁架，把孩子常玩的玩具放在这里，方便拿取

▲将高架床下面设置学习桌，并将学习用具结合墙面进行了收纳

收纳方式 2：家具摆放要尽量提高空间的使用率

对于儿童房的收纳，要尽一切努力提高空间的使用率，给孩子充足的地面玩乐空间。不要让大床占据房间的中心位置；具有多层收纳格的储物柜可贴墙摆放。另外，可以选用开放式的收纳家具，其独特的造型能够吸引孩子的注意力，让他们有兴趣主动进行收纳。

▲ 将儿童床靠窗摆放，再利用一面墙来设置收纳篮筐，给孩子留足了玩耍的空间；同时，也让孩子的玩具有了合适的收纳方位

收纳方式 3：儿童房的物品要与大人的物品区分收纳

儿童房和大人卧室的格局上有着较大的差别，同时孩子会比大人们多出许多玩具，这时巧妙地将房间中的小角落利用起来就显得尤为重要了。小巧的收纳柜和搁架是不错的选择。另外，孩子的收纳空间要尽量明晰，常用的物品要放置在低处，方便他们随手取拿。而大人的衣物则不要和孩子的衣物混合在一起，以收纳整齐为原则。可以安放高大的收纳柜，并从上至下，从左到右用格子和柜子分别划分出不同的收纳区域。

▲在一体式睡床下面规划一个玩乐区，并设置开放式搁架，孩子的玩具可以随手放在此处

收纳方式 4：培养儿童物归原位的好习惯

除了掌握儿童房的收纳技巧之外，还应培养儿童物归原位的好习惯。首先应尝试引导孩子，并定下规则。家长可以规定：先玩一种玩具，之后拿回原位，才可以玩第二种玩具。但需要注意制定规则的方式应生动、有趣，例如可以告诉孩子“玩具也是要回家的”，来强化孩子的理解。此外，在收拾玩具的过程中，家长可以陪着孩子一起做，并在一旁鼓励孩子。比起斥责，这种方式会更加强化物品定位的正面印象。

另外，可以利用格子状的书柜，搭配软性布面的篮子或是藤编篮，是方便孩子收纳的第一步。其次，可以为储物篮设置出多样变化的色系，试着跟孩子一起讨论，教导孩子去记忆他（她）们想把玩具怎么分类到各个颜色的篮子里，慢慢孩子就会开始自己试着收纳。

▲ 不同颜色和图案的收纳筐，可以让孩子自己根据喜好去设定不同玩具对应的存放篮筐

收纳方式 5：儿童房收纳柜应考虑可持续使用性

儿童房中最好设置一个纵深 30cm 左右的书柜以及一个用来摆放学习用品、纵深 40cm 左右的杂物柜。若空间有限，无法满足两种柜体同时存在，则可以配置一个上、下纵深不同的柜子。同时，柜子的搁板高度要可以自由调节，满足随着孩子年龄增长摆放不同物品的需求，使柜子可以一直使用下去。

年龄段	概述	图示
婴儿期	这个时期，需要收纳的物品主要包括纸尿裤、奶粉以及大量玩具等。这一时期的收纳物品和方式主要还是以家长的主观意识为主，原则是方便拿取、使用	
3~4 岁	这个时期，需要收纳的物品主要包括玩具、画册等。应根据孩子视线的高度，将玩具和画册摆放在合适的位置，最好放在孩子伸手方便拿到的地方。必要时可根据情况调节搁板高度，培养孩子物归原处的好习惯	
幼儿园、小学	这个时期，需要收纳的物品主要包括书包、书籍、学习用品等。而像积木、布娃娃等玩具则可以整理好放在箱子里，让孩子视线所及之处的物品最好与学习、兴趣相关	

续表

年龄段	概述	图示
初中、高中	到了这个时期，需要收纳的物品基本上都是各类参考书以及能够体现自己爱好、品位的物品，所收纳物品的自主性很强。女生还会存放发饰、化妆盒等	

收纳关键点

巧用可自由组合的收纳柜

儿童房中，能够自由组合的收纳柜也是非常不错的选择。这种收纳柜可以自由选择需要的形态和数量，可以按照孩子不同成长时期的行为方式来进行调整。

巧用可自由组合的收纳柜

05

书房：干净、利落的“精神领地”

书房收纳形式

书房功能越丰富、使用人数越多、使用时间越久，空间内容纳的物品就越多。因此，需要把这些物品分门别类地收纳起来，放在固定的位置。书籍、杂志，根据其开本大小和使用频率，宜放在不同区域、不同高度的位置，以示区别。

书房中需要收纳的物品

物品	概述
书籍、杂志	书房中最主要的收纳物品
纸质用品	一些日常工作中需要用到的纸质文件、重要资料等
文具用品	工作中可能用到的各种文具，如笔、本子等
电脑周边用品	电脑线及其配套的备用鼠标、键盘等

1. 提前规划收纳方位

收纳方位 1：吊柜和搁板

书房因其特有的功能，搁板的存储空间显得非常重要。书房选用的搁板，要根据放置物品的大小尺寸合理设置，如搁置办公用品、装饰画等尺寸较大的物品，要考虑搁板的尺寸和间隔距离；如果是书籍等较重的物品，则要考虑搁板的承重能力。另外，还可以通过在墙面增加吊柜扩充收纳功能；放置音响等娱乐化器材，休息的时间用来听听音乐，为工作之余的闲暇时光提供有效的舒缓空间。

▲ 吊柜与搁板结合设计的形式，令书房的收纳方式更加多样化

收纳方位 2：书柜

书柜是书房中最常见的收纳家具，一般由层板组合而成，标准的书柜层板每层高 30cm，最多不超过 40cm，深度大约为 35cm。值得注意的是，一定要注意层板的承重力，如果采用活动层板的系统柜，容易因放置书籍过多、过重而使书柜变形，若采用固定层板则较为坚固，但缺点是不能随意调整高度。

独立书房里的书柜要考虑空间的大小。如果是小空间最好不要选择有柜门及柜体背板的书柜，即便有门也最好是通透材质的，如玻璃；当家中有大面积的书柜时，可以用饰品来点缀局部单元格，以提高空间层次的变化。

▲ 书柜的形态可以十分灵活，可根据家中书籍的数量来做选择

书柜收纳设计图示

高部书格：适合放置一些珍藏版的精装图书，不会经常拿取
中上部书格：是比较适宜的拿取高度，适合放置常看的书籍
中下部书格：可以作为杂志或文件夹的存放区
抽屉：收纳一些随时可能会用到的纸质文件
下部书格：位置较低，不适合作为书籍的收纳区，可以放置收纳盒，用来存放一些书房中的零碎小物

收纳方位 3：书桌

在为书房选择书桌时，先不要着急购买，不妨先考虑一下书桌上要摆放什么物品，再决定书桌尺寸；接着再考量书桌四周需要多少书架用于收纳书本、杂志，抽屉也要一并考量进去。另外，桌面要保持整洁，一些零散的小物品要单独归类存放，那些经常摆放在书桌上的收纳包、笔筒、小盒子等工具是最好的收纳道具，这样化零为整的收纳方式才能更加有效地节省空间。

由于书桌通常不会有很多抽屉，有的甚至只有独立的一个大抽屉，放在里面的东西很容易会被翻乱。因此，至少要在抽屉里准备 1~2 个带有提手的收纳盒，这样在需要时，就可以轻松地把东西都拿出来，同时还要注意收纳盒中的物品要归类放置。

▲ 带有抽屉的书桌，可以在一定程度上缓解书房的收纳压力；同时可以结合推车来做辅助收纳

2. 结合动线合理收纳

书房常见动线

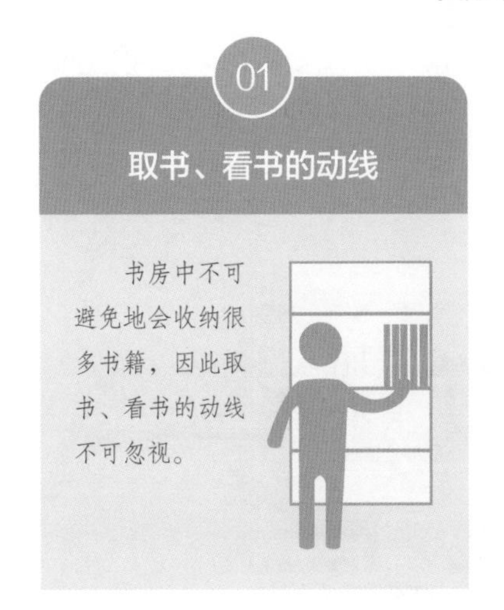

设计要点 1：书桌与书柜摆放应具备便捷性

在书房的布置中，书桌置于书柜前面的形式比较常见，方便随时起身拿取需要的书籍，也能够使书房显得简洁、素雅，形成一种宁静的学习气氛。布置时要留够书桌与书柜之间的使用尺度。

书桌与书柜之间的距离最好在 58~73cm

设计要点 2：工作用品宜收纳在方便拿取的位置

在进行工作活动时，面对日常工作所需要的文件夹、笔筒等，收纳、摆放的距离应该接近手臂长度，大约为50~60cm，这样的位置最方便拿取。而一些使用频率略低的工作用品则应收纳在书桌的抽屉里。

3. 书房收纳的有效方式

收纳方式 1：书房收纳用品应尽量和整体空间的风格相统一

书房收纳用品，如书架、柜子、搁板等，应与整体空间的装饰风格保持一致。因为书房中的书及各类柜子较多，如果与整体家具的风格不统一，就会令整体空间显得杂乱。另外，书房收纳用品的造型不宜过于烦琐、复杂。

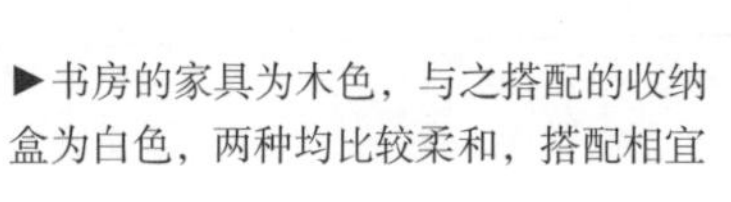
▶书房的家具为木色，与之搭配的收纳盒为白色，两种均比较柔和，搭配相宜

收纳方式 2：文件应按照重要程度进行存档

文件可以按照“重要”“一般”“存档”等几个类别来存放。“存档”的文件再按照年份存储，以后要用的时候查找起来就会很方便。对于一些重要的文件，可以用专门的文件夹存放。在选购文件夹时，则可以选择能够直接立放于书架上的款式，这种文件夹的好处是摆放起来显得比较整齐；也可以选择用收纳盒来放置一些常规资料，并按时清理这些有可能用不到的文件。

▲利用色彩不同但饱和度相似的文件夹进行收纳，在保证了空间整洁度的同时，也带来了视觉变化

06

厨房：干净的空间、方便的动线，家人抢着做家务

厨房是缔造美食的“工厂”，也是油腻和凌乱的代名词。但如果收纳有方，也能让烹饪变成一种特别的享受。厨房收纳不仅要借助大型收纳家具，如橱柜等，一些诸如收纳罐、收纳架等小型收纳用具也必不可少。这些收纳用具的合理运用，既可以增加空间的利用率，又能营造厨房的烟火气息。

厨房收纳形式

厨房中需要收纳的物品

物品	概述
各类厨具	包括种类各异的锅具、铲勺、刀具、砧板等
各类餐具	包括杯、盘、碗、盏等，这些物品在家庭中的储藏量较大
食材	包括各种调料和短期存放的食品，如新鲜蔬菜、水果等；长期存放的食品，如米、面、干货等
厨房小家电	包括电饭锅、电烤箱、料理机、豆浆机等
清洁用品	包括洗碗布、抹布以及洗涤剂等

1. 提前规划收纳方位

收纳方位 1：吊柜和搁板

整体橱柜在厨房中充当着“收纳王”的角色。根据厨房的面积，整体橱柜常见“一字形”“L 形”“U 形”“走廊形”4 种形式，但无论何种形式，整体橱柜均具备强大的分门别类的收纳功能，令厨房里零碎的东西各就其位，使厨房井然有序。在整体橱柜中，空间储藏量主要由吊柜、地柜等来决定。另外，还可以利用柜门的背面粘些挂钩，来存放不方便放在抽屉里的厨房用具或经常使用的物品。

吊柜的有效收纳： 吊柜位于橱柜最上层，这使得上层空间得到了完全的利用。由于吊柜比较高，不便拿取物品，因此应在此放置一些长期不用的东西。一般可以将重量相对较轻的碗碟和锅具或者其他易碎的物品放在此处，易碎的物品放在高处也不用怕伤到孩子。为了保证存取物品的方便，又不易碰到头，吊柜和工作台面的距离以 50cm 为宜，宽度以 30cm 为宜。

吊柜中适合收纳的物品

收纳关键点

吊柜底部也可以用来收纳

吊柜外侧的底部也可以用来安置吸盘钩，悬挂一个简易的书架，可以用来放置菜谱，做菜时能用作参考；量杯等轻体的常用小量具也可以悬挂在吊柜的下方。

地柜的有效收纳：地柜位于橱柜的底层，对于较重的锅具或厨具，不便放于吊柜里的，地柜便可轻而易举地解决。地柜中可以设计一两层隔板或搁架，用以提升储存空间的使用量；同时用来储存蒸锅、炒锅等大件物品也十分合适。另外，水槽下方的橱柜比较潮湿，多将锅和清洁用品放置在此。

地柜中适合收纳的物品

收纳关键点

地柜适合多设置抽屉

地柜中可以多设计一些抽屉，因其具有取物和检视方便的优点，且分隔灵活，适合分类存放零散的常用小件物品，但不应将过重的物品放在抽屉中，以免造成五金件变形损坏。在设置抽屉时最好上下排列成组，便于统一安装。另外，抽屉宽度不宜过宽，通常为 300~600mm。但由于抽屉的制作和对五金件要求相对复杂，因而造价较高，不宜盲目设置过多。

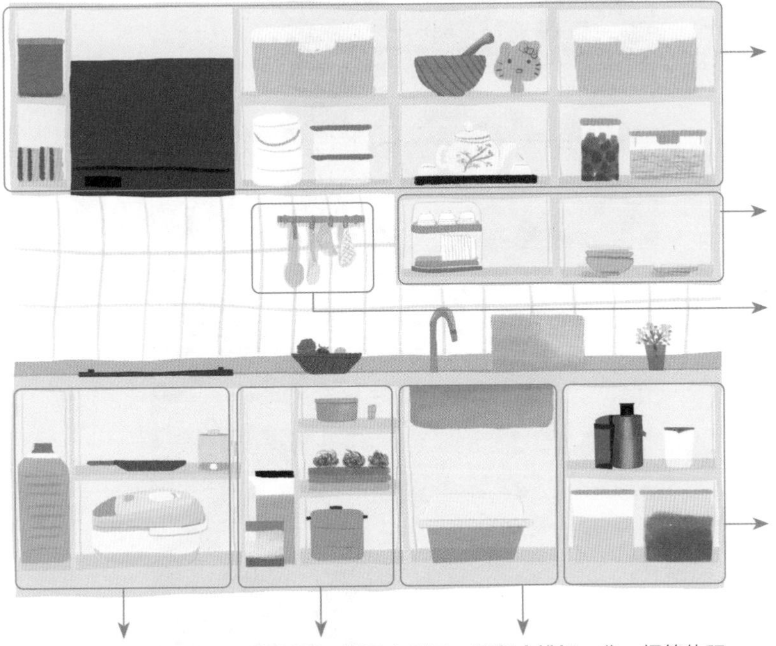

上部柜：轻质、不常用的物品存放于上部柜，提供长期、固定的储藏

中部柜：常用餐具宜放置在中部沥水架，便于干燥和取用

中部壁面：铲勺、小型炊具等采用挂晾方式就近放置在炉灶旁，方便烹饪操作时取用

下部边柜：豆浆机等常用小电器宜放置在台面上以便使用。当台面有限时，也可收纳于地柜中

下部灶台柜：使用频率较高、重量较大的各种锅具适合放置在炉灶附近的大柜格中

下部抽屉：常用小型工具、小物品宜放置在下部柜的较浅抽屉中，便于分类收纳和拿取

下部水槽柜：盆、桶等体积较大且不怕沾水的物品可利用水池的下方空间存放

收纳方位 2：厨房立面空间

厨房可以充分利用空间的立面进行收纳，如墙面收纳，不仅可以令繁杂的厨房用品各归其位，而且通过形式上的变化，还可以成为空间展示的平台，具有装饰点缀的效果。例如，可以在墙面上制作搁架，定制铁艺架，或安放自己制作的收纳盒等。这些小物件不仅可以合理收纳平时常用的烹饪调料、烹饪用具等物品，而且也方便烹饪时的取用。

▲利用厨房墙面设置搁板，可以放置一些餐盘，同时也具有一定的装饰性

收纳方位 3：厨房角落

角落是常被人忽略的地方，厨房中想要最大化利用空间收纳，可以从角落着手。例如，在厨房的角落放置三角收纳柜，或制作三角搁架，存放一些不太常用的零碎物品。另外，还可以利用厨房门设置一些挂钩，挂放诸如围裙、擦手巾等物品。而像冰箱侧边的空间，同样可结合收纳器具将一些厨房零碎小物规整起来；橱柜的边角空间则可以设置尺寸适合的推车，分担整体橱柜的收纳压力。

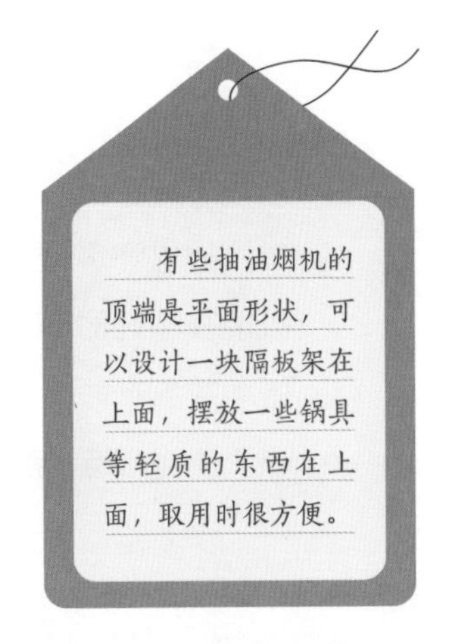

利用畸零空间摆放推车

冰箱旁侧可收纳小物件

收纳方位 4：岛台

面积充裕的厨房中，可以设置一个具有强大收纳功能的岛台，为生活提供许多便利。可以将其下方分为多个隔层，放上些烹饪图书，既能在烹饪时随意翻看，又能作展示之用。如果是带有抽屉的岛台，则能放置一些小东西。如果岛台拥有宽大的台面，也为平时的烹饪提供了便利，碗、盘等物可以有足够的空间进行摆放。

▲厨房岛台的功能十分强大，既可以辅助收纳，也可以作为备餐台或者用餐空间

2. 结合动线合理收纳

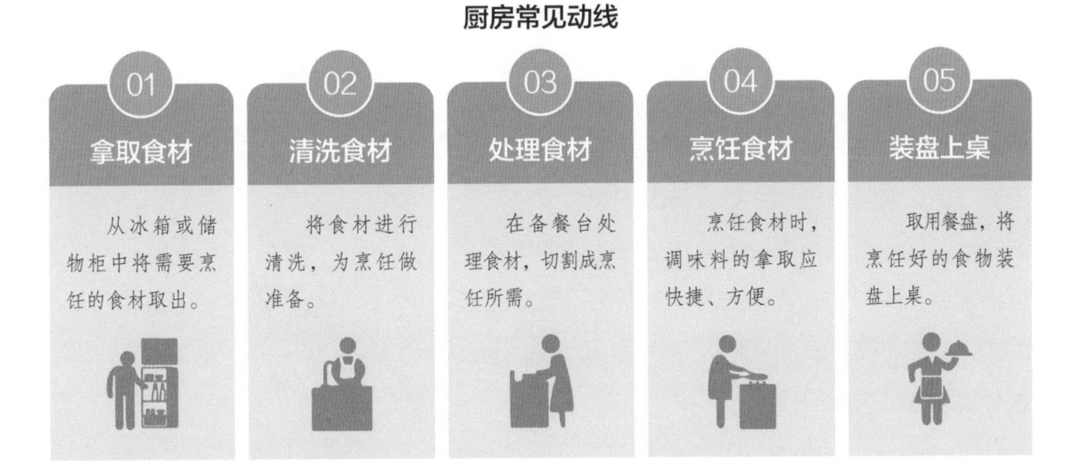

设计要点 1：掌握“最称手”的厨具收纳方式

厨房中最称手的区域为距地面 600~1800mm 的中部区，人在正常站立时，以肩膀为轴手臂上下稍做伸展就可以够到，是收纳物品最方便取用的区域。应将最常用的餐具、厨具、调料和原材料放在这个区域内。

设计要点 2：结合厨房动线收纳适宜的用具

动线对厨房很重要，厨房里的布局是顺着食品的贮存、准备、清洗、处理和烹调这一操作过程安排的，应沿着三项主要设备即炉灶、冰箱和洗涤池组成一个三角形。因为这三个功能通常要互相配合，所以要安置在最合宜的距离以节省时间人力。如右图，三边之和以 3.6~6m 为宜，过长和过小都会影响操作。

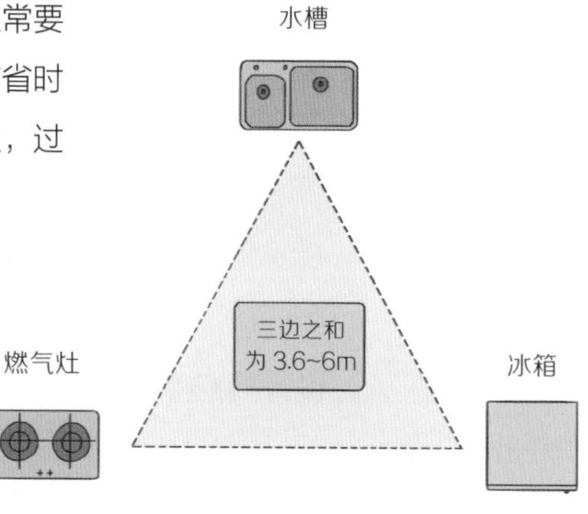

工作三角区

结合三角动线，将同时使用的物品尽可能地摆放在一起。比如，大盘和锅放在水槽下面，煎锅、汤勺和调料放在灶台附近等。在一个地方完成所有工序，这样的设置既可以在短期内将饭菜准备妥当，也可以减少无用功。

大盘和锅适合放在水槽下面

煎锅等灶具适合放在灶台下面

3. 厨房收纳的有效方式

收纳方式 1：掌握厨房中细小器物分类摆放的形式

可以将所有的盖碗和咖啡杯先撤掉托碟，侧过来“排队”，然后将托碟也侧过来“排队”，放置在同一收纳区，要用的时候很容易将它们速配成对；汤匙也可以侧过来排成长龙，旁边放置叠放的筷架，每三个叠放成一组，这样找到了汤匙也就找到了筷架。

▲餐盘侧排的形式，可以节省很多的空间

收纳方式 2：清洁度是厨房收纳不可忽视的要素

水槽中的碗筷应随时清洗干净，擦干后放到指定位置，清理出来的厨余不要累积，要及时扔掉，避免吸引蟑螂。另外，冰箱内的物品应摆放整齐，扔掉干枯的食材和过期的食品，且生熟要分开。

▶餐盘侧排的形式，可以节省很多的空间

收纳关键点

厨房垃圾的收纳

厨房垃圾收纳分为外置式、台上式和隐藏式。结合动线，选择合适的垃圾收纳方式，不仅方便，也让厨房更整洁、美观。

◀ 导轨式收纳，这种做法不仅节省空间，而且用起来还很方便，需要的时候把轻轻拉出即可，同时也可以放好几个垃圾桶，便于做垃圾分类，是一种很好的隐藏式收纳

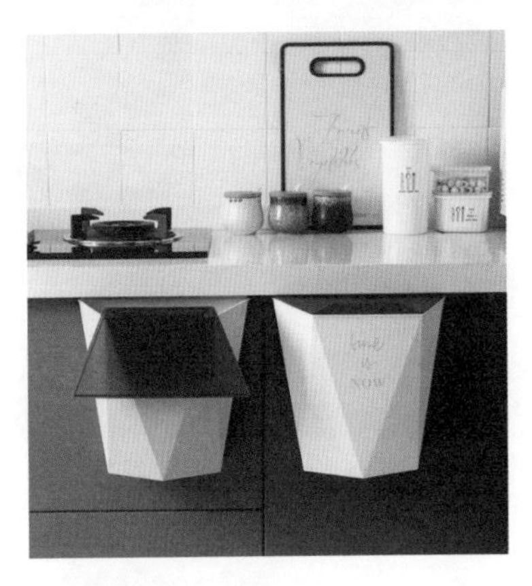

◀ 壁挂式收纳，依据动线，在案板或会产生垃圾的其他地方悬挂，轻松去除桌面垃圾，扔垃圾无需走动，更不用弯腰

◀ 藏在橱柜里的案板 + 垃圾桶，收纳美观，使用方便

07

卫生间：各归各位、实用美观的收纳巧思

卫生间收纳形式

卫生间相对其他家居空间而言面积通常较小，很容易产生凌乱的感觉。这就需要设置带有收纳功能的家具，为卫生间带来整洁、清爽的面貌。常用的卫生间家具包括镜柜和台下柜等。另外，由于卫生间的环境较为潮湿，因此在收纳时一定要注意防潮。

卫生间中需要收纳的物品

物品	概述
洗漱用品	如牙刷、牙膏、洗面奶、毛巾等；也包括与盥洗相关的小电器，如吹风机、剃须刀等
沐浴用品	如洗发水、护发素、浴巾、浴球等
洗涤用品	如洗衣液、消毒液、肥皂等，也包括与之相关的晾衣架、洗衣袋等小工具
清洁用具	如扫帚、拖把、马桶刷等，也包括与之相关的洁厕剂、消毒剂等
如厕卫生用品	如卫生纸、卫生棉等
其他用品	如洗漱盆、体重秤等

1. 提前规划收纳方位

收纳方位 1：洗漱区、沐浴区、如厕区三大区域

洗漱区、沐浴区和如厕区是卫生间中不可或缺的三大区域，空间中的物品收纳往往也是围绕这三大区域展开。其中，洗漱区作为卫生间中最重要的收纳方位，常会选择卫浴柜来完成洗漱用品、洗涤用品等的收纳；沐浴区则常依靠墙面壁龛、转角收纳架等来收纳沐浴用品；如厕区的收纳体量相对较少，个别家庭会在马桶上方设置镜箱或放置马桶收纳架来缓解卫生间的收纳压力。

▲洗漱区、沐浴区、如厕区三大区域的收纳应结合不同区域的使用特点，来选择需要收纳的物品

合理的镜箱才能完成有效收纳： 首先应保证镜箱距地面的高度为 1000~1100mm，保证镜子能照到站立时人的上半身，且儿童和坐姿操作者也能照到，这样的尺寸设置也比较适合物品的拿取。同时，可在镜箱侧面或下部设置隔板或明格，作为洗面奶、牙具、护手霜等小件常用物品的放置空间。

卫浴柜下部柜的有效收纳设计： 下部柜最适合采用拉门与抽屉相结合的形式，拉门柜体中可容纳更多大件物品，如大瓶的洗衣液、消毒液等，方便拿取；抽屉适合存放小件物品，如备用的洗漱品、毛巾等。这样能够将物品分类收纳，保持卫生间整洁、美观。另外，下部柜可采用局部留空的形式，使下部空间利用更加充分灵活，例如放置盆、体重秤等物品。

▲卫浴柜是卫生间中承担收纳能力较强的家具

卫浴柜收纳
设计图示

顶部柜：设于镜子或镜箱上方，由于位置较高，拿取不太方便，可用于存储较轻便但不常使用的备用品

镜箱：盥洗台上方可设置镜箱，存放洗漱用品、护肤用品等。镜箱进深通常为 130~150mm

搁板：可放置常用洗漱、化妆用品

盥洗台侧边中柜：可朝向洗手池设置置物搁板和毛巾架

盥洗台侧边高柜：盥洗台边侧空间是较为方便拿取物品的位置，可设置侧边柜，放置吹风机、洗漱或洗涤用品、卫生纸等

盥洗台下部柜：是存放清洁剂、备用洗涤用品的合适位置，但是由于接近下水管，有可能存在通风不良、易受潮等问题。也可将下部区域部分留空，以存放盆、桶等大件物品

收纳方位 2：零散的边角空间

利用玻璃门悬挂毛巾

一些卫生间的面积十分有限，有时满足必备的洗漱、如厕、沐浴三大功能都十分勉强，但又必须有地方进行收纳。不妨将卫浴的边角空间充分利用起来，将物品合理收纳的同时，也让空间显得宽敞，由此带来更方便、清洁的生活。例如，利用门后空间悬挂浴巾，也可以作为清洁用品的悬挂位置；或者利用管井中的夹缝位置和卫生间柜接近地面的位置等，收纳一些不常用的备用品。

畸零空间可摆放收纳柜

2. 结合动线合理收纳

卫浴常见动线

02

如厕动线

如厕时，手纸的方便拿取十分必要。

设计要点 1：卫生间最好靠近卧室

应尽可能将用水的地方靠近卧室，这样就可以在早起后迅速完成洗漱、换衣等出门准备工作。另外，如果将睡衣收纳到卫生间，那么洗澡时就不用东找西找，而是可以直奔目的地，这样就不会导致动线失效。

▲户型中包含两个卫浴，主卫位于主卧内，客卧临近次卧，动线合理

设计要点 2：梳妆台的最佳位置是设置在洗手池边

若有化妆需求，最好将梳妆台设置在洗手池边，而不是卧室中，因为卧室主要是休憩空间，与化妆功能并不完全相宜。同时，女性的习惯也是洗漱完成之后，即刻开始梳妆打扮，再回到卧室会产生多余动线。换言之，护肤、洗漱用品的收纳最好也在卫浴间中完成。以空间小的家庭为例，可以选用一体式卫生间柜，或在卫生间柜旁设计搁板或者壁龛，以放置琳琅满目的化妆用品。

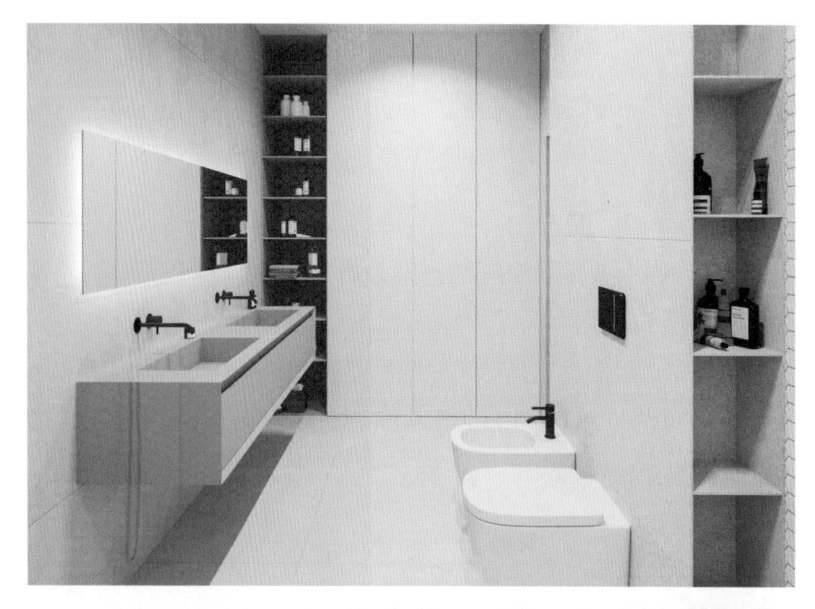

◀ 在临近洗漱台的墙面设置壁龛，放置常用的洗漱用品，方便拿取

◀ 卫浴间带有梳妆功能，将梳妆时的动线缩短，省时省力

设计要点 3：常用沐浴产品应放置在花洒附近

常用的洗发水、沐浴露最好放置在临近花洒的位置，方便使用。比较常见的方式是安装墙面置物架，由于临近用水区域，其材质最好以不锈钢为宜。

▶ 设置壁龛放置少量、常用的洗护用品，方便拿取

收纳关键点

不常用的沐浴产品可借助马桶上方空间收纳

可以借助马桶上方的空间来收纳家中不常用的沐浴用品，比较常见的一款产品为马桶置物架，这种落地明露搁架虽然具备价格低、使用方便的优势，但其高度刚好在视线高度 1.5m 左右，且由于收纳的物品比较零碎，所以容易产生视觉凌乱感。对于空间较为充裕的家庭更推荐在马桶上方利用防潮材质定做挂墙式镜箱，采用带门镜箱替代开放式搁架，所有的杂乱物品都被柜门隔绝，使卫生间的整洁感立现。另外，由于吊柜不落地，使得马桶周边的死角更容易被清理。

设计要点 4：洗手台附近应收纳常用物品

洗漱用品的收纳在卫生间中占有较大的收纳比例，因为这些物品在日常生活中几乎天天都要用到。一般来说，常用的洗漱用品最好收纳在洗手台附近以方便使用，可以设置一个挂墙式镜箱柜，将原本放在洗手台面上的零碎物，借镜箱之力“挂起来”。另外，最好选择具有“20%露 +80%藏”的镜箱，大部分物品放入带有柜门的“隐藏”空间，小部分物品则放在便于顺手拿取的“暴露”空间。

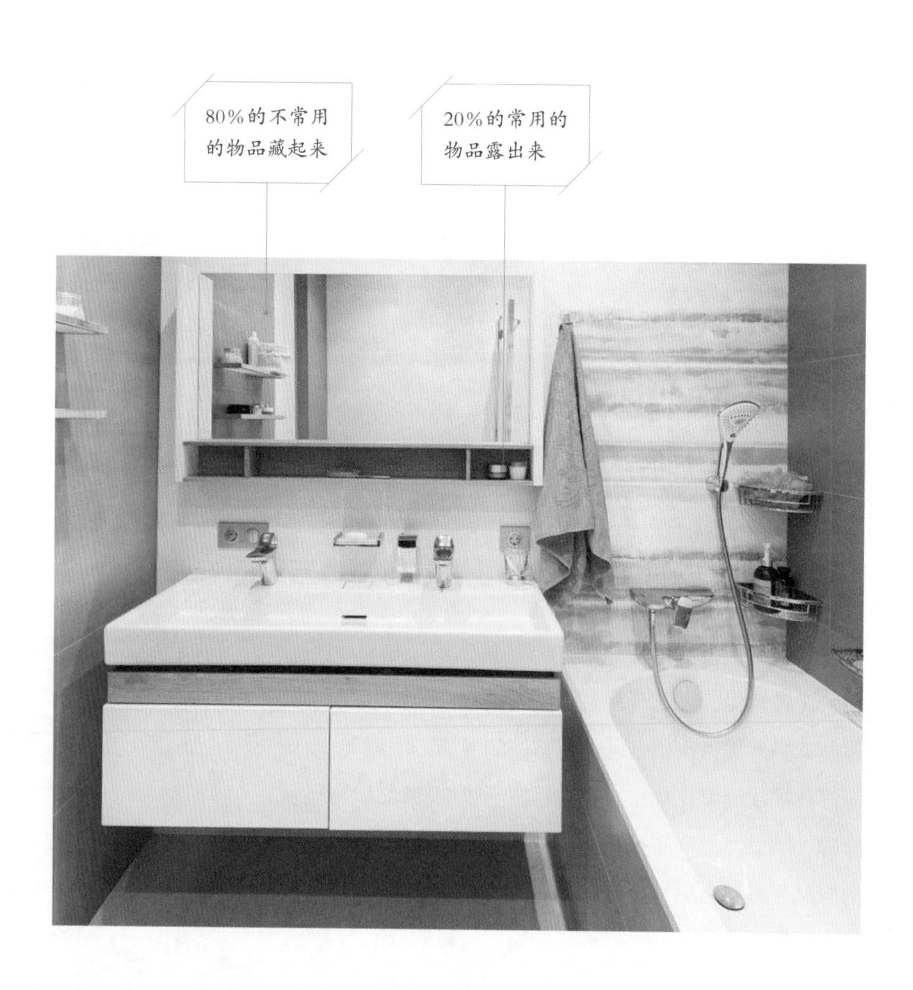

如果原本卫生间中没有设置挂墙式镜箱，也可以利用挂墙式置物架、吸盘储物架、洗手台面架等来进行常用洗漱用品的收纳。但缺点是“暴露式”收纳没有镜箱带来的“隐藏式”悬挂收纳显得整洁、有序。另外，吸盘储物盒的吸力有限，使用时间久了容易老化，因此最好不要放置过重的物品。

挂墙式层板架

吸盘储物架

洗手台面架

// 收纳关键点 //

擅用多层转角架进行辅助收纳

居住者可以选择在洗手台临近的角落空间摆放一个多层转角架，这样做可以更大程度上缓解洗手台面上的收纳压力，多层的形式可以摆放的物品也相对较多。但由于洗漱用品的外包装形态、色彩多种多样，大面积的暴露式收纳容易产生视觉上的混乱，因此最好购买成套的分装瓶将常用的洗护用品进行分装，而余下的部分则分门别类地放到收纳篮中，同样以“藏露结合”的收纳理念来还原整洁的空间环境。

设计要点 5：如厕区应考虑卫生纸的收纳方位

除了在距马桶前方 30cm、距地面高度 90cm 处安置一个手纸盒之外，还应考虑备用卫生用品的收纳方位。比较有效的方式为在临近马桶的墙面设计储物柜，用来放置备用的卫生纸，或者例如马桶附近的畸零空间摆放一个尺寸合适的小收纳柜，也是不错的选择。

▲ 小尺寸的收纳柜占地面积小，却能收纳较多的备用卫生纸，也可以收纳一些零碎小物

▲将手纸盒直接安置在卫浴柜侧面，保持最佳拿取距离；同时临近坐便器的卫浴柜也方便收纳备用手纸

3. 卫生间收纳的有效方式

收纳方式：卫生间用品适合挂起来

若想要卫生间容易清理，且防止物品受潮，理想的方式是将一些卫生用品挂起来收纳。例如，拖把、马桶刷等利用适合的墙面粘钩挂起来。而像一些香皂盒、洗手液等，若直接放置在卫浴柜台面上，容易产生积水，促进细菌滋生的现象发生。为了避免这种现象的产生，不妨也将其挂起来，同时也改善了通风条件。

卫生间中适合挂起来的用品

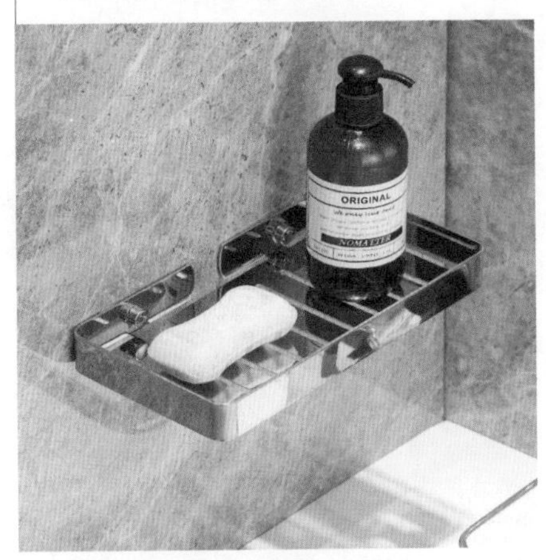

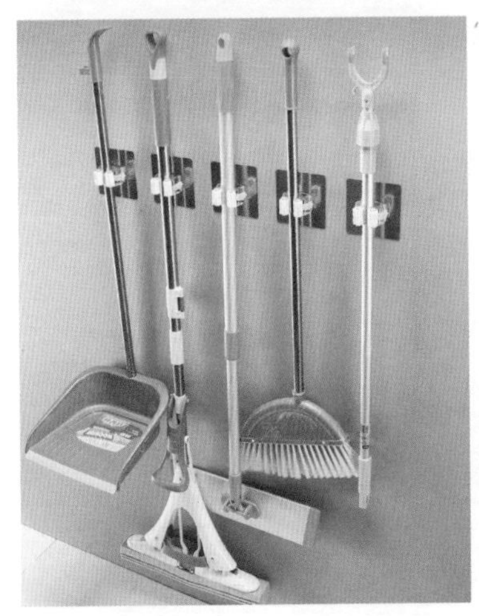

08

玄关：空间变大了，进出都有好心情

玄关连接室内与室外，虽然空间有限，却是每天外出和归家的小驿站，保障居室内部整洁和出门前整理仪容仪表都少不了它。因此，将玄关处收纳得整齐清爽，把杂物隐藏起来，绝对是一门需要修炼的“绝技”。玄关最重要的收纳要诀就是要保证空间通畅，明亮的空间能够从进门起就给人好心情，让人充分享受温馨舒适的家居环境。

玄关收纳形式

玄关中需要收纳的物品

物品	概述
鞋	包括各种类型的鞋，如运动鞋、休闲鞋、皮鞋、靴子、拖鞋等
衣帽	包括日常穿的衣服、帽子、围巾等，有些家庭也会在玄关收纳一些换季衣物
随身物品	包括钥匙、包、雨伞等
与鞋相关的工具和杂物	包括鞋拔子、擦鞋工具等杂物
生活辅助用具	包括吸尘器、扫地机器人等；也可以存放老人用的拐杖等
体育用具	热爱运动的家庭，可将球拍、各种球类收纳在此

1. 提前规划收纳方位

收纳方位：玄关墙面定制玄关柜

由于玄关的空间往往不大，因此要充分利用墙面来进行收纳。可以做一个嵌入式玄关柜来收纳换季的衣物或生活中较少用到的物品。

定制玄关柜的高度和宽度：若空间面积允许，选择定制到顶的玄关柜是增加居室储物功能的绝佳方法。国内户型层高一般在 2.8m 左右，因为板式家具的木板一般为 240cm 高，所以玄关柜一般也做到这个高度，顶上用石膏板封起即可。玄关柜的深度可以设置在 350~400mm，如果拥有足够的走道空间，也可以达到 400mm 以上，但不要超过 450mm。

定制玄关柜的其他相关尺寸：定制玄关高柜不仅需要有收纳鞋子的空间，同时也会考虑一些其他常用品的收纳尺寸。例如，往往会收纳一些过季衣物，或不常用的被褥等，其具体尺寸可以参考衣柜。

▲ 顶天立地式的玄关柜可以充分利用空间，且收纳功能强大

收纳关键点

玄关柜可考虑放置雨伞的位置

若要增加雨伞收纳空间，则有两种方式。较常见的是直接在鞋柜下方 90~100cm 的高度，设计一小段衣杆作为雨伞的吊挂空间；折叠伞部分则简单设计一小块层板放置即可。更简单的方式为将鞋柜做得略深一点，并直接将门片稍微后退 8cm，直接在门片后方安放挂钩，做吊挂收纳即可。

定制玄关的常见形态

类型	概述	图示
封闭式玄关柜	定制玄关柜比较常见的一种形式。全封闭的形态，可以保证空间的整洁度，同时，是定制玄关柜中收纳功能最强大的一种	
C 形玄关柜	C 形玄关柜是一种有“藏”有“露”的柜体形态，这种玄关柜的好处是可以摆放一些喜欢的装饰品，也可以把钥匙随手放置在 C 形凹槽柜中	
组合式玄关柜	可以在下面的柜体放置脱换的鞋子，平台部分正好可以坐在上面方便穿脱，上面的箱板钉几个挂钩，就能悬挂出门的行头、帽子和包，是快速整理妆容的好帮手	

玄关柜收纳
设计图示

高部柜格：可放置鞋盒，存放过季鞋
左侧中高部柜格：可放置帽子、书包、手提袋等
左侧中部大格：可放置大的背包、箱包等
左侧中部扁格：放置当季鞋
中低部大格：可放置长短靴等
右侧中部高格：悬挂常穿的外套，并可根据需要放置整理箱
台面：可摆放托盘，供放置钥匙等常用小物品
中低部横柜格：放置一些平时用于替换穿的鞋子
下部架空区：可放置拖鞋、常穿的鞋，并设置照明灯管

2. 结合动线合理收纳

玄关常见动线

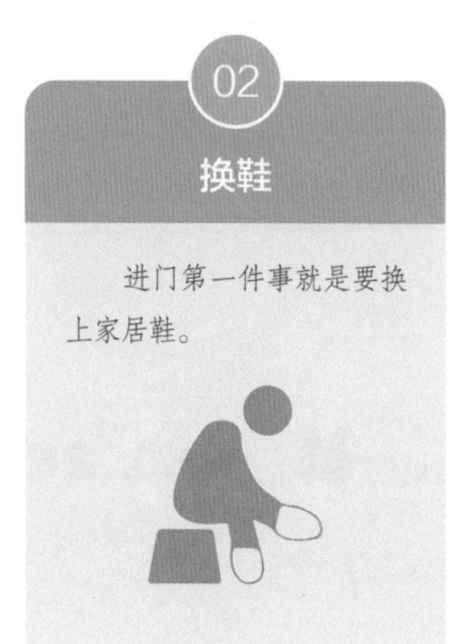

设计要点：玄关柜适合设置在一进门的地方

在玄关处一定要设置鞋柜和衣柜，结合动线将鞋柜安置在一进门的地方，很人性化。如果空间允许的话，设置一个换鞋凳，则换鞋的舒适度更强。衣柜用于收纳平时外出、居家穿的衣服，则相比于去卧室更换要节省很多距离。设计小物品收纳的开放空间，方便放钥匙等出门必备的小物件，避免了专门去其他房间拿取的麻烦，在细节处减少了生活中的重复活动。

►玄关处包括了换鞋凳和大体量收纳柜的一体式设计，使用方便，收纳能力强

3. 卫生间收纳的有效方式

收纳方式 1：玄关家具的体量不宜过大

一般来说，玄关的面积不大，然而其收纳功能却一点也不能少。想拥有完备的收纳功能，秘诀是摆放合适的家具。玄关家具的体量一般不宜过大，且要功能丰富，如可以利用小储物柜收纳常用的零碎小物件。

▲将隔断和鞋柜结合设计，既具有了收纳鞋子的功能，也不会阻断室内的光线

收纳方式 2：小面积的玄关适合翻板鞋柜

如果家中入户空间只能放下一个小型鞋柜，就要充分考虑鞋柜的利用率。可以选择翻板鞋柜，在柜体同等宽度的情况下，选择内部带有翻板设计的鞋柜，能够存储更多的鞋子，占用空间也相对较小。为了放鞋方便，开启角度宜控制在 15° 左右。另外，封闭与敞开相结合的鞋柜形式也非常人性化。将每日外出要穿的鞋和拖鞋放在开敞部分，替换鞋则放在封闭柜体中，“藏”“露”结合，收纳方便。此外，还可以结合鞋托架来配合收纳。

▲翻板式鞋柜的厚度相对薄一些，适合玄关面积有限的家庭

09

阳台：空间虽不大，也是不可错过的收纳宝地

阳台的面积虽然不大，但是可以设计出多种多样的形态。若家中的卫生间面积有限，最适合把阳台打造成一个家务间。若是拥有双阳台的家庭，则更应该利用其中的一个阳台，将其用来做收纳空间。将阳台打造成家务间，在这里可以将洗衣、晾衣和收纳清洁工具在一个空间内解决掉，使家务时间即刻缩短。

阳台收纳形式

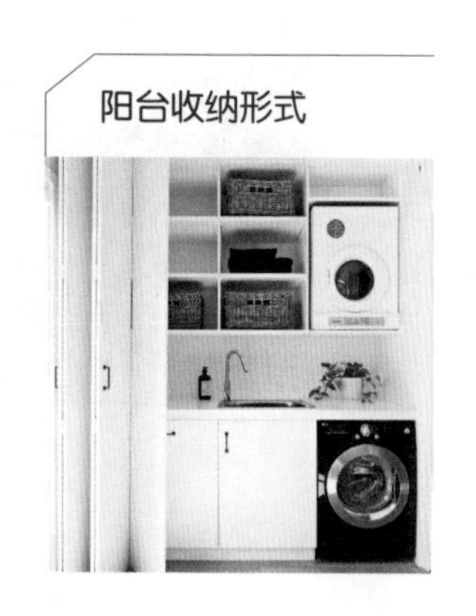

阳台中需要收纳的物品

物品	概述
洗涤用品	阳台家务间可以缓解卫生间的收纳压力，将一些洗涤用品收纳在此
家务用具	扫帚、拖把、吸尘器等家务用具
晾晒用品	各种形态的晾衣架、夹子等

1. 提前规划收纳方位

收纳方位：阳台定制收纳柜

将阳台打造成一个家务间，应充分利用阳台的角落空间，可以选择阳台的一侧角落，定制收纳柜，结合家务用具的尺寸设计好储物柜。另外，储物柜也应设置一些抽屉，用以放置一些零碎物件。另外，在设计时也可以考虑做一些延展。例如，规划出拖把池的位置。

▲在阳台规划一个拖把池，为阳台洗衣房注入更多功能性，也使家务劳动变得更加高效

▲阳台储物柜可增加抽屉的设置，除了摆放零碎小物，也可以设计成晾晒架的形式，可以方便裤子或床品的晾晒

2. 结合动线合理收纳

生活阳台常见动线

设计要点 1：缩短洗衣与晾晒的动线

洗衣机的摆放直接决定了洗衣动线的长短。洗衣机最常见的摆放区域是卫浴，但实际上，洗衣机最适宜出现的位置是阳台，如此，洗衣、晾衣可以快速完成。

▲洗衣、晾晒的动线流畅，节省时间

设计要点 2：留有家务用具的收纳空间

若空间允许，清洁用的拖把与洗衣机一起收纳在生活阳台上是非常好的选择，方便屋主在等待衣物清洗的过程中，随手拿起拖把打扫室内空间。

▲将清洁用品放置在阳台，取用方便

▲阳台集洗衣与晾晒为一体，合理利用了空间

10

楼梯：多样化的形式，满足不同的收纳需求

复式或别墅家庭中，楼梯下的空间也是一处非常不错的收纳空间。楼梯收纳形式设计多样，可以做嵌入式收纳柜、开放式展示架、摆放体积合适的组合柜等，可根据自己的需求来进行选择。

楼梯收纳形式

楼梯间中需要收纳的物品

物品	概述
换季用品	楼梯间适合收纳不常用的换季衣物
季节性电器设备	如风扇、暖炉等
零碎物品	楼梯间可以作为一个“小仓库”，收纳家中各种零碎物品
孩子的玩具	将楼梯做成抽屉的家庭，可以利用楼梯抽屉收纳孩子的玩具

1. 提前规划收纳方位

收纳方位 1：楼梯下部的空余空间

楼梯下面的空余空间可以做一个嵌入式收纳柜，只要依照楼梯的斜度与宽度做好木柜的设计即可。若将柜子做成格状，既可以分类收纳物品，又不会觉得死板。如果楼梯的高度足够，也可以直接借势安装柜门，这里就成为一个绝佳的杂物储存间。

▶ 利用楼梯下面的空间打造成一个分区清晰的衣帽间，充分利用了家中的角落

收纳方位 2：楼梯周围的墙面或楼梯本身

楼梯周边的墙面，甚至是楼梯本身，都是不错的收纳方位。可以结合楼梯的墙面设计开放式的收纳柜，摆放上适宜的装饰品，就轻易营造出一处家中小景。另外，楼梯本身也是不错的收纳方位，最常见的就是将踏阶与抽屉相结合；而楼梯的栏杆或者楼梯底部也都是可以用来挖掘收纳空间的方位。

▲ 楼梯墙面是可以充分利用的收纳空间

▲ 将楼梯踏阶设置为抽屉，是非常有效的提升收纳空间的方式

2. 楼梯间收纳的有效方式

收纳方式 1：利用楼梯下部空间创建开放式展示架

楼梯下方的空间还可以做成一个开放式的货架，存放艺术品、图书等物，这样的设计可以为平淡无奇的楼梯增添个性，也可以充分展示出居住者的品位、爱好。

▲楼梯下部的空间设计成大容量的书柜，令家中的书籍有了安身之处

▲利用楼梯下部的展示柜来摆放绿植，为家中增添了无限生机

收纳方式 2：在楼梯下面增设功能区

楼梯下部的空间可以设计为功能区。例如，直接依势定制尺寸合适的书桌，操作起来比较简单，而且还丰富了空间的使用功能。书桌墙面也可以悬挂一些搁板或收纳架，摆放装饰或文具皆可。或者将楼梯下面打造成一处休闲区，定制带有储物功能的卡座，可以大幅提升空间的使用功能。

▲将楼梯下部的空间设计成学习区，带有抽屉的定制书桌，可以收纳学习、工作时用到的相关用品

▲将楼梯下面打造成休闲区，并设置一些开放式的收纳柜及卡座，增加居室的收纳空间

第3章

收纳技巧

动动脑、动动手，让家轻松扩容 30%

面对家中无法舍弃的必需用品，掌握简单又有效的收纳技巧十分必要。哪些物品需要归类收纳？零碎小物一定要藏起来吗？明明衣柜很大，为什么使用率却很低？这些看似令人头疼的问题，只要找到破解的方法，就可以还原整洁的空间环境。

01

分区收纳：击破空间，不留死角

构思收纳方法时，最重要的步骤之一就是“分区”。分区是指配合居住者的生活动线，考虑物品与空间的配置。一般在房屋装修时，就要先做好分区规划。在平时的收纳中，要以“在必要场所确保足够的收纳空间”为终极原则。

1. 配合物品特征收纳在最适合的地方

分区规划看起来很困难，但其实我们在生活中早已经下意识地做好分区了。例如，锅碗瓢盆一定会放在厨房，洗漱用品则会放在卫浴间等。只要配合家中物品的特征，收纳在最适合的地方，就能令生活更加轻松有序。

分区收纳步骤

01 列出身边所有物品

分区的第一步是要了解家里有哪些东西。建议在整理时，把应该收拾的物品清楚地列在纸上，不管多细微都要如实记录。

02 对物品进行分类

依照使用情形与场所将清单上的物品分类。只要事先想好哪些物品在使用性质上是类似的，就能顺利地完成分区。

03 决定物品的固定位置

完成分类后，就要确定所有物品的固定摆放位置。一定要让所有物品都放在其经常使用的空间。此外，还要制定收纳原则，同类型的物品都要放在一起。

2. 根据不同的家居空间进行分区收纳

家居空间	分区收纳要点
客厅	希望家人如何使用客厅，将决定收纳在客厅的物品品项。要依据空间大小调整物品数量。由于此处收纳的物品较多，也是客人最常待的地方，因此要善用“隐藏”与“展示”收纳
餐厅、厨房	餐厅和厨房要以“方便性”为最高原则。可以依照使用频率分类所有的物品。如果是客厅、餐厅与厨房打通的空间，目光所及之处一定要保持整洁、美观
卧室、独立空间	主要为收纳衣服、寝具等个人物品。依照使用频率、物品种类进行分类，并配合家人的个性及生活形态，选择最适合的收纳方式，将物品收纳在最方便取用的地方
卫浴	全家人每天都要在此完成洗漱等工作，因此要将每个人要用到的东西放在这里，不仅要注重方便性，也要随时保持整洁。此外，还必须确保收纳卫浴用品的空间
玄关	玄关收纳的物品又多又杂，包括各类鞋、伞、钥匙等。此处也是最容易被客人看到的地方，可以说代表了一个家庭的整体形象。因此，巧妙地运用“隐藏收纳”并发挥创意收纳精神是十分必要的

收纳关键点

常用物品要放在伸手可及处

“重的东西往下放，轻的东西往上放”，这是收纳的基本原则。在规划空间时，首先要考虑的就是“伸手可及处”。“伸手可及处”是指伸手就能取用物品的范围。这个活动范围相对比较小，一定要严格筛选收纳在此处的物品。这个位置最适宜放置体积较小并且经常使用的物品。同样是“伸手可及处”，大人与孩子的活动范围就有很大差异。家中有小孩时，在孩子拿得到物品的范围内，绝对不要摆放危险物品；相反，在孩子伸手可及处收纳玩具，则能养成孩子自己整理、收纳的习惯。

02

“展示”与“隐藏”，会“装”才漂亮

收纳大致可分成开放型的“展示收纳”和封闭型的“隐藏收纳”两种。具体使用哪种方法要根据物品种类与收纳空间来选择。例如，不想被看见的东西用“隐藏收纳”，喜欢的设计单品采用“展示收纳”。在进行收纳时，合理运用两种收纳方式，方能打造出舒适的家居空间。

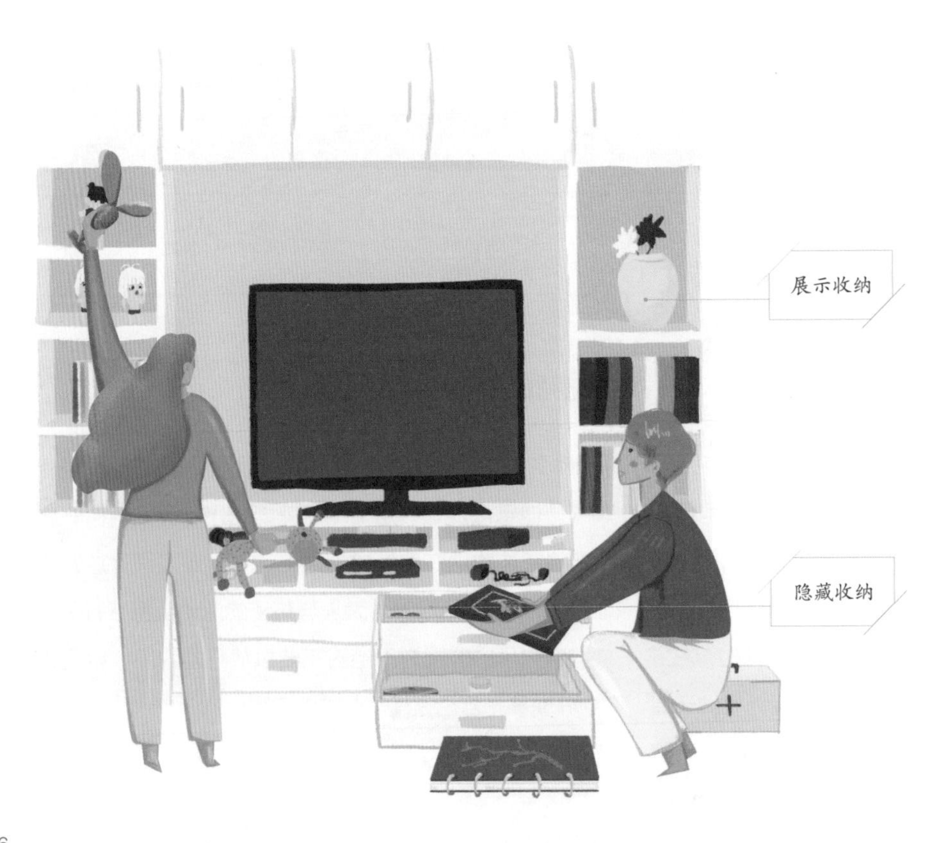

1. 根据功能空间，选择收纳形式

不同的功能空间适合的收纳形式也会有所区别。例如，客厅应尽量多考虑一些展示功能，因此采用开放式层板，搭配局部隐藏收纳的门板，就能兼顾收纳与展示目的。而面积有限的卧室，则可以善用量身定制的床组下方，规划上掀式或抽屉式收纳，能增加隐藏式收纳容量；同时，结合墙面设置开放式层架、吊架等，可以让装饰品有专属的展示空间。

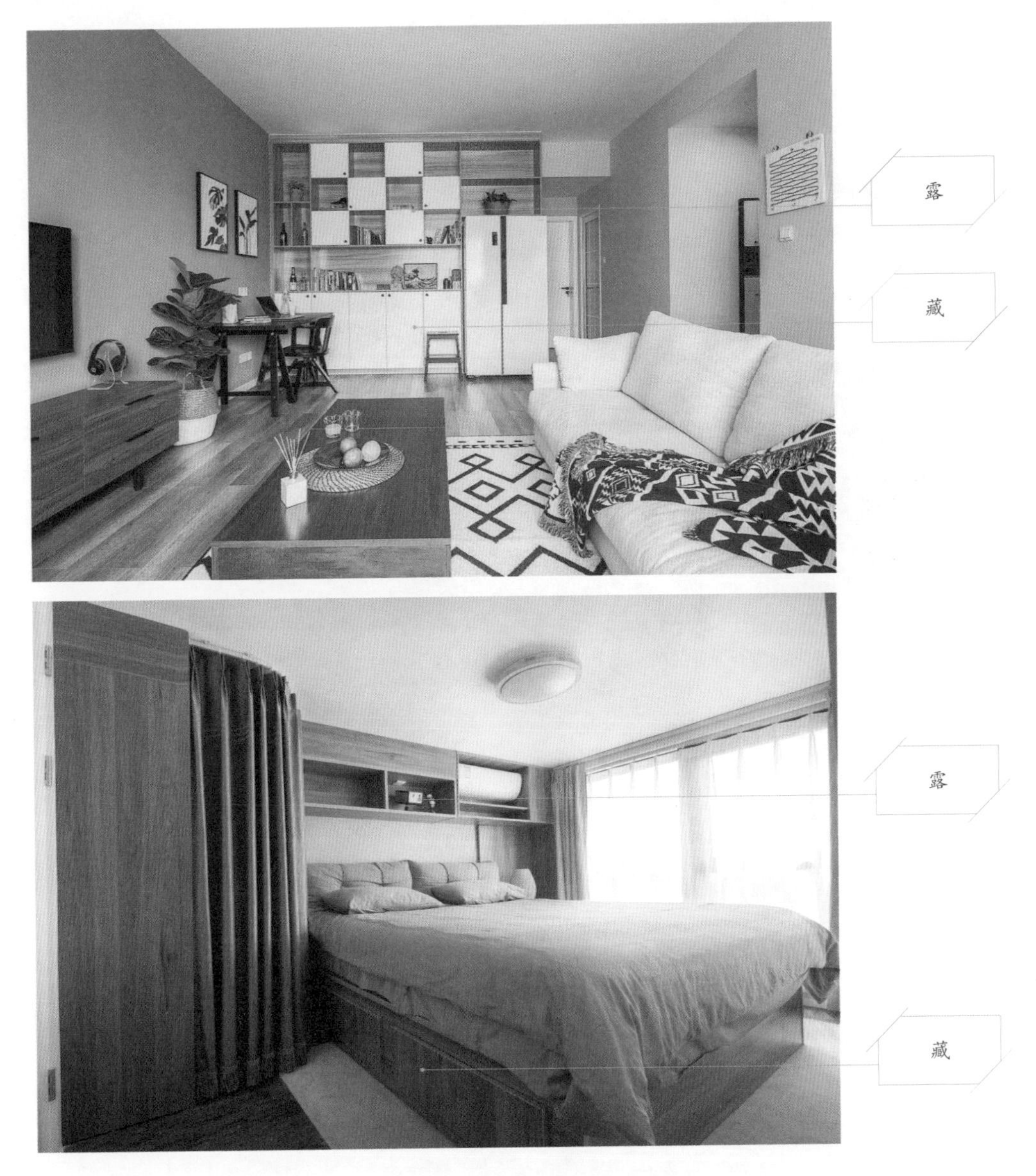

2. 依据家具特征，选择收纳形式

收纳家具的部件大致可以分为柜子、抽屉、挂钩收纳架三种。柜子和挂钩收纳架无论是开放型收纳还是封闭型收纳均可用到，而抽屉则是经典的封闭型收纳。在家居空间中，收纳不单单是为了整洁，更艺术的收纳可以增加空间的漂亮景致。比较常见的展示型书柜或书架，不再需要把所有需要收纳的书籍、饰品都隐藏起来，而是充分利用开放式的陈列柜或者展示架，将那些有特色的物品大方地展现出来，使它们成为屋子里漂亮的一角或者家居布置的点睛之笔。

▲将书籍和工艺品进行大方的展示，无论是文化气息，还是艺术气息都在空间中得以释放

收纳关键点

擅用纸箱做隐藏式收纳

除了家具中的抽屉，也可以利用生活中常见的纸箱作为收纳容器，放置在床下等比较隐蔽的角落，既省钱，也可以节省空间。需要注意的是，在使用时应避免可将大小不同的纸箱横竖堆积，不仅不雅观，还会造成多余间隙。若能使纸箱大小一致，除了取用方便外，颜色、设计或材料的统一，更呈现出一种整齐的美感。

3. 不同的物品，收纳形式应做区分

在进行收纳时，经常使用的物品一定要好拿好收，比较适合开放型收纳。如没有门的收纳柜以及挂钩收纳架，运用的是摆放以及悬挂形式，方便拿取物品。不想被人看到的物品只要放进有门的收纳柜或抽屉里即可，但依然要避免杂乱，可以将内部隔出夹层，方便整理。

例如，餐具和书籍这类可以排列的物品，适合放在柜子里；衣物这类不想“抛头露面”的物品，适合放在抽屉里；厨房的烹饪器具等经常使用的工具或较长的物品，适合挂在挂钩上。如此配合物品的属性来选择合适的收纳家具，并确保有足够的空间，才是打造简洁空间的关键。

餐盘收纳

衣物收纳

餐具收纳

03

“集中”与“分散”，有“动线”才不乱

收纳的目的是让物品时刻处在最方便取用的状态。将不常用的物品放在一起收纳，不仅寻找起来便利，而且方便养成将物品使用后立即收起来的好习惯。家庭必备物品则按需求分散收纳，可以更好地提高物品的使用效率。

1. 不常用的物品应集中收纳

集中收纳要清楚记录物品收纳的位置，必要时可以在收纳的地方贴上标签，这样找东西就能一目了然。在进行空间设计时，可以规划一个较大的收纳空间进行集中收纳，如运用储藏室与大型置物柜，就能让“集中收纳”事半功倍。适合集中收纳的物品除了衣物之外，包括电风扇与电暖气等季节性家电，以及一年只用一次的节庆物品等。

▶ 衣帽间是家居中典型的集中收纳空间

2. 常用物品应配合动线分散收纳

日常生活中经常使用的物品，最适合采用分散收纳法。分散收纳时要配合生活动线，将物品放在用得到的场所。分散收纳的重点，就是不要受限于思维定式，要根据家人的需要合理收纳物品。比如有人喜欢在客厅使用剪刀和笔，但也有人会在厨房使用；有人外出时容易忘东西，所以可以在玄关处设置柜子，收纳钥匙与外出使用的包，这样出门时就不会手忙脚乱了。因此，在进行空间收纳设计时，应考虑全家人的生活动线与日常活动，找出适合每个人生活习惯的收纳场所。同时，应与家人充分沟通，确定所有物品的收纳位置，这样就能让生活动线更加顺畅。

▶ 回家就会脱下的外衣、围巾、鞋子或包包，适合收纳、放置在一进门的玄关处

04

释放家居界面，让收纳更轻松

结合空间界面进行收纳，可以充分缓解收纳压力。其中，墙面是家居中的纵向空间，相对平面空间来说，可以减少储物家具的占地面积，又不会影响室内动线，十分适合小户型。另外，在居住空间有限的情况下，地面也可以暗藏玄机，例如把床做高打造一个地台；把阶梯每一层都打造成一个抽屉；或者在角落“挖”出一个储藏空间等，都可以让居住空间的收纳功能发挥到极致。

1. 墙面收纳方式

嵌入式墙面收纳：嵌入式墙面设计是墙面收纳普遍使用的一种形式。在具体设计时，首先要确认这堵墙不是承重墙，另外需要根据墙体厚度来确定柜体的深度，最好事先预留嵌入式的凹槽空间，如此，就能与墙体完全拉平，整体隐身。此外，还要因地制宜，切勿因贪图美观而令室内空间变得压抑。

客厅背景墙为嵌入式柜体收纳

充分利用高空收纳：收纳也可以向高空发展，房间的墙身顶部是经常被遗忘的储物空间，如果设计一个造型简单的吊柜，就可以解决储物空间不足的问题。在这样的储藏空间里，适合摆放一些平常收集的各种纪念品或者不太用到的物品。而在厨房中，墙面吊柜也可以发挥出强大的收纳能力。

在墙面上部设置吊柜

充分利用墙角空间：可以根据墙面走势设计搁板或搁架，摆放一些装饰品、书籍等，让这个位置成为一个亮眼的角落。另外，室内背景墙也可以设置一些墙面搁架，但相对于储物功能来说，这些搁架起到的装饰性作用更强。

在角落空间设置搁板收纳

2. 地面收纳方式

借用窗边空间：有些户型中会出现外推阳台，可以利用这一处的角落打造一个带有收纳功能的飘窗。飘窗下方的收纳最好以开门收纳为佳，若以抽屉收纳，则深处空间较难利用。

飘窗收纳

设置榻榻米：榻榻米为日语音译，主要是木制（板式与实木）结构，形象一点描述，整体上就像是一个“横躺”带门的柜子。一般家庭的榻榻米大部分被设计在房间阳台、书房或者大厅的地面。根据占地面积的不同可分为角落榻榻米、半屋型榻榻米和全屋型榻榻米。榻榻米可以作为睡眠、休闲、收纳区域，还能因势利导，营造氛围，打造出一个多功能房间。

榻榻米收纳形式

在餐厅设置卡座：在家居中设计卡座，最不容忽视的优点便是多出一部分储物空间。如果需要存放大件、不常用的物品，可以设计为最简洁的上翻盖式。如果想增加餐厅空间小件零碎物品的收纳，则可以设计为侧开抽屉式，好用又方便。

卡座收纳

借用楼梯空间：如果空间层高比较高，可以考虑做夹层，其中楼梯部位也可以作为收纳小型物品的区域。另外，双层的儿童房楼梯部位也可作为收纳玩具的位置。这种新奇有趣的收纳方式可以为居家环境带来灵动的气氛。

楼梯收纳

05

隔断与柜体：灵活收纳的好帮手

空间中的隔断和柜体可以作为储物、展示的主力军。例如，可以运用矮柜、吊柜、收纳柜、吧台、书架、博古架等造型来进行空间隔断。这种设计能够把空间隔断和物品储存两种功能巧妙地结合起来，不仅节省空间面积，还增加了空间组合的灵活性。

1. 隔断收纳方式

矮柜隔断收纳： 矮柜造型多变，制作简单，既能存放物品，又可以在柜上摆放装饰品，功能很丰富。如果居室整体色彩丰富，柜子颜色可以灵活处理；如果整体素雅，柜子则最好选用浅色系。此外，如果觉得采用单一的矮柜作为隔断，空间会显得单调，还可以在矮柜上方悬挂珠帘、纱幔等装饰，不仅分隔了空间，也起到了美化作用，同时保证了空间的通透性。

矮柜隔断收纳

高柜隔断收纳：以柜体代替平淡的白墙，显得轻巧别致，不会给空间带来压抑感，又具有分门别类的强大收纳功能，最适合小型的空间使用。如果怕隔音不好，还可以在柜子背板加隔音棉。

高柜隔断收纳

书架隔断收纳：用书架取代隔断墙，不仅通透性好，还能起到展示作用，营造高雅的书香氛围，适合用在客厅与书房之间、卧室睡眠和休息区之间等。书架的高度应根据房间的采光情况而定。

博古架隔断收纳：用博古架来陈列古玩珍宝，既能分隔空间，还具有高雅、古朴、新颖的格调，适合中式古典装修风格和新中式装修风格的家庭。但应注意博古架色彩要与家居中的其他家具色彩相协调。

书架隔断收纳

博古架隔断收纳

吧台隔断收纳：用于分隔空间的隔断式吧台，既能达到隔而不断的整体效果，也往往具备了一定的储物功能。例如，可以在吧台的侧边或底部设计小型酒架收纳红酒，令空间更具情调；或者设置储物格，放置常用餐具。无论哪种设计，都实现了动线与收纳相结合的特点，实用且方便。

2. 柜体收纳方式

柜体到顶：小户型可以采用到顶的定制柜体设计，这样可以充分利用上方空间作为不常用物品的储存区，减少空间浪费，而且可以令空间更加方正。

包梁包柱：梁柱繁多的房间非常令人头疼，而定制柜体则能将卧室的梁和柱很好地包容进去，包住的部分横梁和柱体完美被修饰掉，不仅美观，还能增大收纳容量。

吧台隔断收纳

柜体到顶的设计形式

包梁包柱的设计形式

转角柜体：在衣帽间中，往往会定制 L 形或 U 形柜体，令家中真正达到收纳无死角。但需要注意的是，尽量将门的单元分隔宽度控制在 50cm 之内，这样可以方便开启和物品存放；同时要考虑板材的承重能力，若衣柜单元格过宽，容易因放置太多东西而形变。

转角柜体的设计形式

柜体延伸的设计形式

柜体延伸：若感觉储物空间不够，可以将柜体顶柜延伸出去，充分利用房门上方空间，方便存放棉被等非日常用品，增强空间的收纳性。顶柜一般适合做成掩门，可以方便开启和物品存放。但作为延伸的顶柜，因其下面没有支撑，不宜放置过重的物品，否则容易引起顶柜变形。

06

多样的收纳单品，好用且节约空间

不当季的床上用品、零散的小件衣物以及无处摆放的小饰品都需要一个安身之处。当大型收纳家具无法解决问题时，一些收纳单品就派上了用场，这些收纳单品的体量虽然不大，但收纳功能毫不逊色，可在很大程度上提高空间的整洁度。

1. 各类整理箱、整理盒

种类	概述	图示
分层收纳盒	◎ 可以放在各种小空间里，并可以自由排列 ◎ 充分利用空间的同时，具有一定的装饰效果，免去为寻找小物件而翻箱倒柜的烦恼	
书桌收纳盒	◎ 常用于文具的收纳，例如铅笔、水笔、剪刀等 ◎ 明确的分区可以使收纳的物品一目了然，方便拿取、使用	
化妆品收纳盒	◎ 可放置于卧室、书房等空间，能容纳多种日常物品，并帮物品归类 ◎ 常选用透明材质，可以清楚地看到里面的收纳物品，更加方便寻找	

续表

种类	概述	图示
内衣收纳盒	◎ 可以叠放，不占空间，而且干净、卫生 ◎ 可以使内衣更加整齐地摆放，需要穿时便可一目了然地找到	
坐凳式收纳箱	◎ 既可以当坐凳，也适合收纳、整理各种杂物 ◎ 可以放在卧室、客厅、书房等空间，充分利用空间的同时，还具有一定的装饰效果	

2. 各类挂钩

种类	概述	图示
门后挂钩	◎ 一种可以挂在门片上方的挂钩，不占用空间 ◎ 适合悬挂腰带、睡衣，第二天需要穿戴的衣物，或是穿了一次还不想洗的衣服	
多功能 S 挂钩	◎ 坚固耐用，两头分别有塑胶的保护层，不会划伤物品，不占用空间 ◎ 厨房、浴室等只要有横杆、绳索的地方都可以使用	
多功能厨房挂钩	◎ 可以悬挂各种厨房用具，如锅铲、漏勺等，方便卫生 ◎ 可以充分利用厨房的墙面空间，增加空间的收纳功能	

3. 各类收纳袋

种类	概述	图示
壁挂式收纳袋	◎ 可以收纳饰品、信件或暂时摆放小东西 ◎ 也可以挂在壁橱或衣橱墙面，将小物件收拾得整整齐齐 ◎ 弄脏后，可直接用水清洗，可反复使用	
真空收纳袋	◎ 利用大气压把本来膨胀的棉被、大件衣物等物品压扁，隔离外界空气，以节约空间 ◎ 可以起到防尘、防霉、防潮、防虫的作用	

4. 各类收纳架 / 置物架

种类	概述	图示
落地式转角收纳架	◎ 可以充分利用房间内的转角空间，使墙角形成一个自然的三角形区域 ◎ 适合放置一些小装饰品，提升空间的整体美观度	
浴室转角收纳架	◎ 常用于收纳日常洗漱用品 ◎ 常采用不锈钢和玻璃制成，防水性能较高 ◎ 充分利用了墙面空间，比起落地式收纳架，能够令地面的清洁不留死角	

续表

种类	概述	图示
可伸缩分层置物架	◎ 可伸缩，宽度可自由调节 ◎ 可用在衣柜、橱柜、浴室柜里面，而且免钉免胶，不伤害墙面 ◎ 能够充分利用室内空间，令柜子里可存放的物品翻倍	

5. 各类搁板 / 分隔板

种类	概述	图示
抽屉分隔板	◎ 用于抽屉内的分隔，免去抽屉里的东西太多，找起来麻烦的烦恼 ◎ 可配合抽屉高度自由选择，可以轻松地将抽屉内部的物品分类	
墙面搁板	◎ 可以用作厨房碗碟的收纳、客厅的 CD 架、墙角的扇形搁板、卧房床头的书架等实用工具 ◎ 同时也可以成为空间内的靓丽装饰品	
网格架	◎ 北欧和 ins 风家居中的常客 ◎ 事实上收纳功能一般，常作为照片、小装饰的展示窗口	
洞洞板	◎ 目前家居中非常流行的收纳“神器” ◎ 可以悬挂工具，也可以结合搁板放置瓶瓶罐罐	

07

绿色收纳，发挥“变废为宝”的创意

在家居生活中，很多看似无用的物品，加以改造后，却能变成实用的收纳单品。其中，各类塑料瓶和纸盒是非常有效的“变废为宝”的好原料。只要充分发挥创意，就能让绿色收纳在家中完美体现。

1. 塑料瓶的改造创意

收纳文具： 家中常会有一些喝完剩下的牛奶桶、矿泉水瓶等，可以将其进行分割或裁剪，制作成不同的收纳文具的工具，利用率非常高。

矿泉水瓶改造的笔筒

牛奶桶改造的书籍挡板

用于抽屉的分隔

盛装小饰品、小物件：将多个无用的塑料瓶裁切到适合的高度，放置在抽屉中，可以对抽屉进行有效分隔，无论是放置小饰品，还是家中零碎的小物件，都可以做到一目了然。需要注意的是，塑料瓶的颜色最好统一。

收纳衣物、鞋子：大容量的矿泉水瓶可以裁剪掉中上部分，将其整齐地码放在衣柜或鞋柜中，不仅可以令衣物鞋子的收纳更加清晰、方便拿取，同时也能够更加有效地利用柜体空间。

用于鞋柜的分隔

用于衣柜的分隔

2. 硬纸箱的改造创意

纸箱改造成收纳盒：这种改造十分简单，找到好看的纸盒即可。如果对家中的"颜值"有一定的要求，则可以在快递箱或旧鞋盒上缠绕麻绳或贴上棉布，就可以变身为高颜值的收纳盒。

用于衣柜的分隔

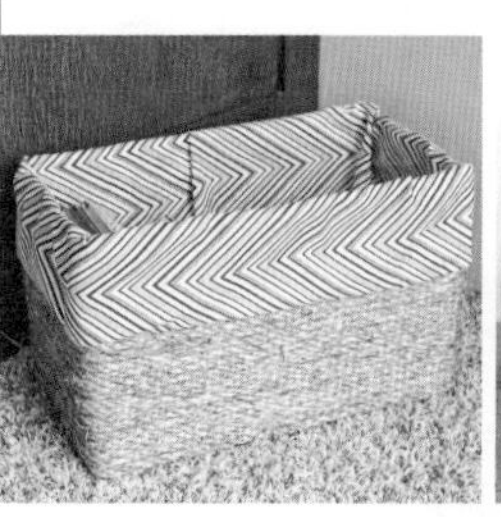

纸箱改造成收纳盒：这种改造十分简单，找到好看的纸盒即可。如果对家中的“颜值”有一定的要求，则可以在快递箱或旧鞋盒上缠绕麻绳或贴上棉布，就可以变身为高颜值的收纳盒。

纸箱改造的抽屉

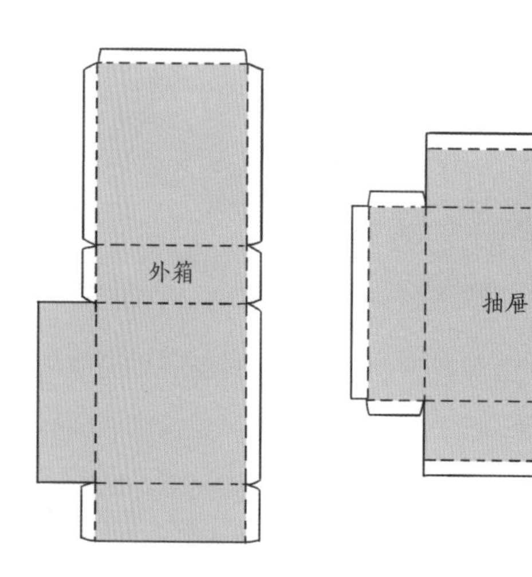

纸箱改造的储物架

用纸箱制作储物架：找到若干大小一致的纸箱，将纸箱的连接处用双面胶固定，然后把纸箱口朝外重叠放置。这样一个简易的储物架就做好了，可以用来收纳书籍和玩具。

第4章

单品收纳

东西再多，收纳也要“对症”

日常生活中，需要用到的物品很多，如常穿的衣物、做饭用的厨具、保暖用的被褥、提升知识的书籍等，这些物品如果收纳不当，不但在使用时，会因找不到它们的所在之处，而产生不便；同时也会令家居空间显得非常杂乱。因此，针对常用物品的特征来进行有效收纳，在家居生活中显得十分重要。

01

衣物：清洗干净比收纳更重要

在进行衣物收纳之前，一定要把衣物全部洗净一次。有些衣服即使看起来干净，但因为穿上之后已经沾染了灰尘、汗水等，若不加以清洗就会形成斑点、霉斑，甚至因为小虫滋生而留下分泌物。而想要保证衣柜的整洁，学会有效的衣物折叠方法，不仅节省空间，而且拿取方便。

1. 衣物收纳时的分类方式

合理的衣物分类方式，可以做到精细化收纳，方便居住者日常拿取。衣物分类收纳的方式有很多，居住者可以根据实际情况加以选择。

收纳衣物的分类方式

分类方式	概述
按照衣物的种类进行分类	大致可以分为过季羽绒服（叠放）；需要挂放的外衣、衬衣；需要叠放的毛衣、针织衣等；内衣、围巾、皮带、领带等常用的零碎小件
按照家庭成员结构分类	将男性和女性的衣服，大人和小孩的衣服分开。个人的衣服分别装箱或集中放在衣柜中某一区
按照过季和应季标准分类	将衣物有效分开，下一年要拿出来整理再穿时，快速、方便。同一季的衣物收纳在一起，并不代表一个衣柜只能放当季的衣服，而是可以按照衣柜的主、次位置之分，将当季的衣服放在主要的位置，其他季节的衣物则放在次要的位置，即将当季的衣物放在衣柜外层，过季的衣物放在内层

续表

分类方式	概述
以衣服类型分类	将同类型或同功能的衣物（例如上班服装或休闲服）集中收纳，这样方便服装搭配及提供日后购买衣服的参考依据
以衣服的颜色分类	将颜色接近的尽量放在一起；还有衣物整体挂在一起排成一列的时候，会有花花绿绿的情形，应确实做好颜色分类，将颜色相近的放一起，能让整排的衣物颜色显得协调
按照衣服的质料分类	依服装的材质做分类，这样可以帮助在挑选时，搭配出较为协调的质感。同时也能在季节交替的时候，迅速找到合适的衣服，省时又省力。另外，根据衣物的质地，改变收纳场所能更好地保存衣物。湿气常常在下方积存。怕潮湿，怕虫蛀的丝绢和羊绒之类的高档质地的物品，尽可能地放在较高的位置收藏。衣柜和壁橱的下方倾向于收藏可以水洗的棉制品 此外，也可以按照衣服的质料决定应该是吊挂或是折叠存放，如适合吊挂的衣服有西装、套装、易皱的衬衫，亚麻、全棉等质料的衣服最好也能用吊挂方法收纳；适合折叠的衣服包括所有针织衣物；普通的 T 恤、运动服、休闲裤或牛仔裤，可以用卷寿司的方法卷起来收纳，既省空间又容易拿取

收纳关键点

巧用配件分类放置

一般来说，普通衣柜的内部结构都比较简单，主要包括几层隔板、挂衣杆、抽屉等。仅仅使用这些部件分割出来的内部空间，相对于种类丰富的衣物来说，就显得太过“笼统”了，不能为不同种类的衣物找到适合的“隔断”，导致很多空间无法有效利用。所以可以选用适合不同种类衣物使用的收纳配件，如挂衣杆、拉篮、储物盒、储物筐、储物袋来分别放置不同的衣物。使用它们来分割内部空间，一方面可以整齐有序，另一方面因为配件是不固定的，在今后更换衣柜的时候，还可以持续使用。

衣架的尺寸和颜色要统一

将同样大小的衣架挑出，挂衣服的时候就会较为整齐，在视觉上也不会有凹凸的情形产生；而且衣架的颜色最好能统一，或是以不同颜色的衣架吊挂不同材质、不同种类的衣物；这样一来，不但衣柜看起来整齐，一打开便可以马上找到自己需要的衣物。例如圆形的衣架，适合挂长裤、牛仔裤、短裤等衣物，才不容易让裤子的褶线处产生折痕。

2. 衣物最佳的收纳地点及收纳辅助用品

收纳的方位及辅助用品		概述
衣物最佳的收纳地点	储藏室或固定的储藏区域	换季衣物最好的存放地方
	卧室的床底	床下如果是空的，可以将整理箱往里放
	衣柜最上层	这里的空间因为拿取不方便，适合放置暂时不穿的换季衣物
	衣柜内	衣服要长短分开吊挂，这样短衣服下方的空间又可以存放鞋子、皮包及其他配件，或是再摆几个小型整理箱
衣物收纳的辅助用品	鞋盒	可放在床下、衣柜上层或底部，并在盒子外面写明里面装的是哪一双鞋，如果有时间，不妨为每双鞋照张相，贴在鞋盒外，一看便明了
	真空收纳袋	其密闭性佳，且节省空间，适合收纳棉被和厚的羽绒服、毛衣等
	防霉用具	收纳前要确定橱内是否干燥，可使用除湿袋、除湿棒、干燥剂及樟脑丸，以防季节变化所带来的湿气以及昆虫接近，悬挂的衣物别忘了套上防虫袋
	驱虫剂	对防虫剂过敏的人，不妨自己动手做天然的驱虫剂。将一大匙颗粒状的胡椒子、干的烟草或干燥过的菊花瓣装进小棉布袋中，再放进衣柜或收纳箱里。另外，桧木也有驱虫的功效，放一些桧木片到衣柜中即可

3. 不同衣服的折叠方法

（1）普通衣物的折叠方法

基本折法：将衣物紧密地叠起的关键是避免皱褶，衣领子的周围不要有折痕，把衣物向后折叠，根据放置场所的大小决定最终的宽度，将两端折叠再对折一次或两次都可以。

将衣服背面朝上放。

从肩线中点将袖子与部分衣身往中间折叠，同时要注意袖口要与衣身下摆对齐。

另一边袖子也以相同的方式折叠。

从下摆往上折三折。

翻到正面，调整领口与衣服的形状。

小空间折法：有的衣服需要放进固定尺寸的收纳盒或抽屉里，因此配合抽屉的宽度和深度收纳，收纳量会比普通折叠的更多。

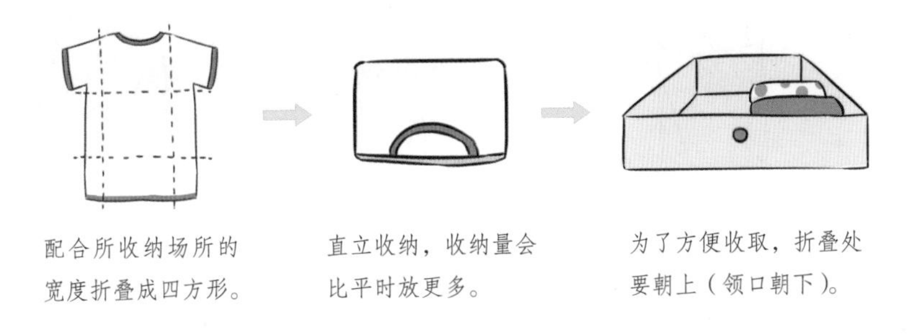

配合所收纳场所的宽度折叠成四方形。

直立收纳，收纳量会比平时放更多。

为了方便收取，折叠处要朝上（领口朝下）。

圆筒折法：把衣物卷起来摆好。在同样大的空间内可以放入多出一倍左右的衣物。而且卷起来的折痕都是弧线，没有角度，所以衣物不会变皱。

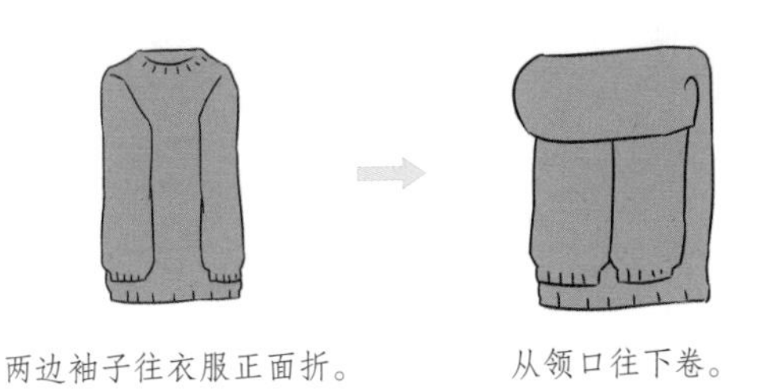

两边袖子往衣服正面折。

从领口往下卷。

（2）不同单品的折叠方法

衬衫的折叠方法：如果确定了摆放的位置，就可以根据位置的大小来确定衬纸的尺寸，重叠放置的时候，在领口放入衬垫物，可将上下两件衬衫交错放置，保持厚度一致，收纳量也会提高。

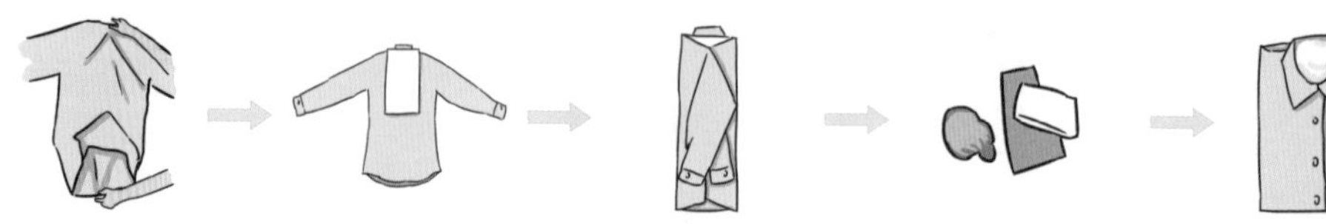

扣上所有纽扣。将后身向上放置，按住领口处，把前襟的扣子处弄整齐。

抻平后身和袖子的褶皱，在衣领下方中间放置用厚纸做成的衬纸。

根据衬纸的宽度，将衣服向后折叠，再根据折叠后的宽度将袖子折叠。注意左右两边要对称。

为防止衣领被压垮，可以自制填充物。如把丝袜剪成一段，然后在里面填入旧布，放在衣领中。

先将下摆稍微折叠，根据衬纸的长度对折。取出衬纸，在领口处放入填充物即可。

吊带衫的折叠方法：吊带衫或衬裙，因其质地光滑，所以较难整理，基本方法是把肩带折叠到里面，使其变小，集中到一起。

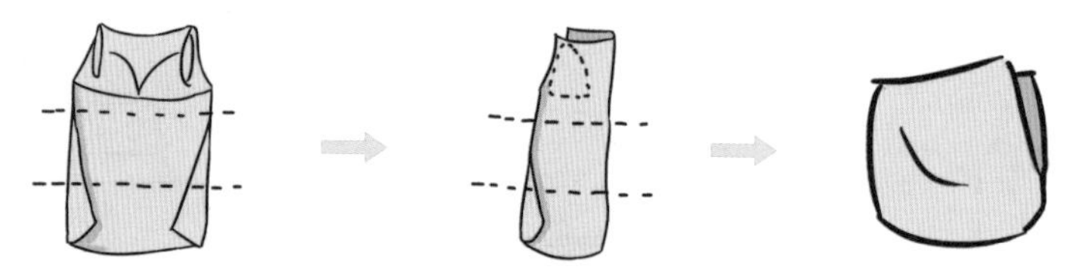

如果下摆大就先把下摆折进去。　左右对折，缩小体积。　调整到罩杯大小的方块。

牛仔裤的折叠方法：一般来说，牛仔裤穿着时是不需要裤中烫迹线的，所以不必刻意叠出烫迹线，只需要将后档或前档提起，将腰头对折，两只裤腿对齐，再从膝盖处对折再对折就可以了。

裤头拉链朝外，纵向对折。　配合收纳空间由下往下折成两折或三折。　折叠处朝前收纳，以方便取用。

文胸的折叠方法：收纳文胸时，不要乱挤成团，可以参照内衣店铺的摆放方法，保持其原形小心叠放，这样可以保持文胸品质，防止变形。另外最好买一个专门用的内衣收纳盒，把文胸由浅色到深色的方式排列，这样挑选时也会很方便。

把内衣整理好。　把肩带收进罩杯里。　照顾罩杯的形状，轻拿轻放，然后按照由浅到深的方式，依次排列。

内裤的折叠方法：内裤在叠放时要保护裆部，先把裆部上折，再一左一右把两边对折，然后放入内衣收纳盒中。这样干净卫生，可以防止细菌污染。

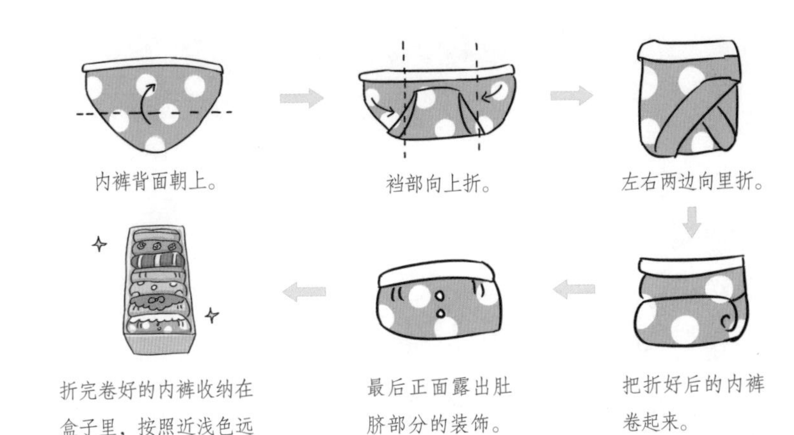

短裤的折叠方法：折叠短裤的顺序和内裤基本相同。根据宽度折叠两次，再根据裤长折叠两次，注意把裆部折叠到最里面。

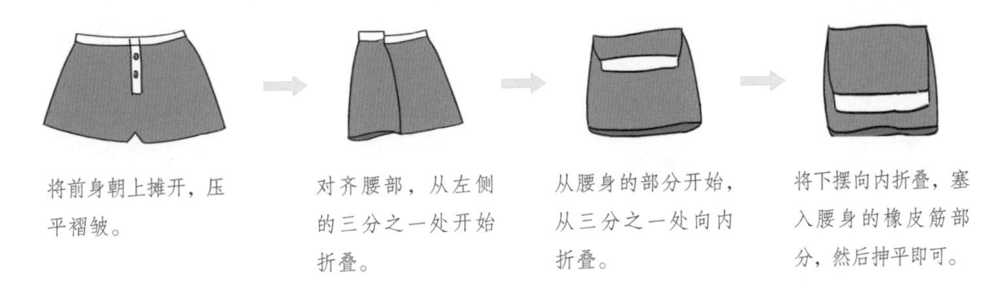

收纳关键点

尽量选择在平整的地方折叠衣物

随便折叠出来的衣服，存放时，不仅占用空间，而且也会出现褶皱。应该在平整的地方折叠衣服，最好把它抻平后再折叠。为了尽可能地避免不平整，应该仔细地折叠成四方形。

衣服折叠尺寸要类似

以折叠的方式收纳衣物，在衣柜里占有相当大的比例。而折叠衣物的要诀，是将有图案的部分朝上，这样比较方便立刻分辨出衣服的款式和图案。其次是折叠衣物的时候，将每件衣服尽可能折出同样大小的尺寸，放在衣柜里看起来才不会参差不齐；同时，要将平整的那一方朝外放，叠上去的衣物看起来才会整齐，也能更有效率地节省收纳的空间。

02

小件配饰：辅助收纳产品必不可少

男士常见的小件配饰常见领带、腰带，女士常见的小件配饰则包括帽子、围巾等。一般家庭中的衣柜很少会单独设置这类小件配饰的收纳区域，不妨利用一些简易的收纳产品来辅助这些物品的归类、收放。

1. 领带、皮带的收纳技巧

在没有抽屉进行专门收纳领带和皮带的情况下，最好的方式就是将其挂起来，因为卷起来的收纳方式相对比较麻烦。可以购买专门悬挂皮带和领带的挂架，防止领带或皮带滑落。也可以在衣柜内侧安装连续挂钩，用来悬挂皮带扣。因为挂钩可以移动，所以非常方便取放挂在里面的物品。或者在衣柜的拉门上安装挂钩，也是不错的收纳方法。

专用挂架收纳

侧装挂钩收纳

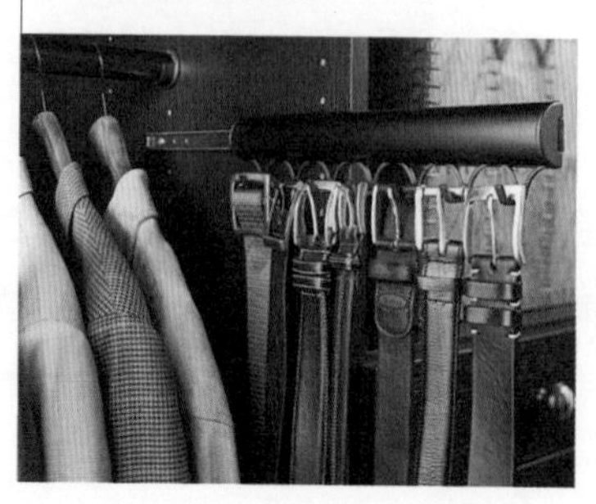

柜门挂钩收纳

2. 帽子的收纳技巧

帽子的收纳最好根据季节使用来区别对待。例如，如果是夏天佩戴的宽檐儿草帽，可以整理干净后，找一些旧报纸或者干净的袋子把帽心塞满，然后找一个可以装得下帽子的纸箱，把帽顶朝下，放在盒子里面，这样帽檐儿也不会折损。如果是帆布鸭舌帽，可以找个衣架挂上挂圈，将帽子挂在挂圈上。如果是冬天佩戴的帽子，则应根据软硬程度进行收纳，软一点的直接叠好存放；定型的帽子与夏天宽檐儿的帽子一样处理即可，既可以防止灰尘，又可以防变形。

3. 围巾的收纳技巧

围巾的收纳要根据款式区别对待。例如，戴穗围巾应梳理完悬穗部分后，再折向内侧，用透气性良好的薄纸将围巾仔细包起来，既可防止悬穗打结，又可防霉变。而丝巾则应洗好晾晒后，折叠好放在干净的口袋里面，再整齐地放在盒子中。

DIY收纳神器

围巾收纳架的制作

若将丝巾、围巾全部放在没有分区的储物盒里很容易缠绕在一起，分别用衣架挂起来又占地方。不妨选择环形衣架进行丝巾、围巾的收纳，可以将其巧妙分开，方便拿取，又不占用地方。

这种围巾收纳架制作起来也十分简单。准备一个衣架，并根据需要收纳的围巾数量准备若干个环形塑料圈，再利用宽胶带将其逐一固定即可。

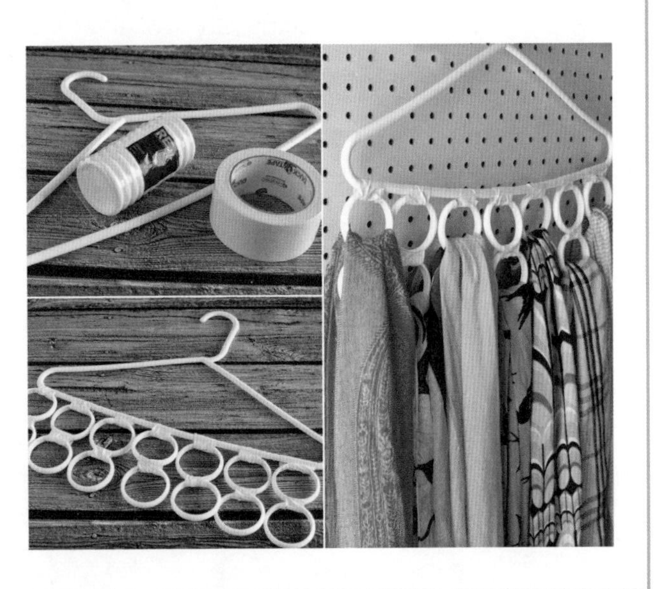

03

鞋子与包包：仔细分类，才能事半功倍

在进行鞋子与包包的收纳时，一定要先进行归类，将相同形态的归放在一起，这样容易保持收纳空间的整洁度，同时也方便日后根据不同的穿戴搭配场景进行查找、使用。

1. 鞋子的收纳技巧

首先应把鞋子按照一定的方式归类，如按照鞋的类型归类为凉鞋、皮鞋、运动鞋等。并根据使用频率来收纳，常穿的鞋子放在开放式鞋架上，易于寻找，节省时间；不常穿的鞋子选择放置于封闭的鞋柜中，既可以防尘，还不多占用玄关空间。另外，鞋柜中不好拿取的地方适合收纳过季的鞋子。

归类完毕后，将收起来的鞋子拍照并打印照片，贴在鞋盒外面，这样不必打开盒子就知道里面放的是哪双鞋，很方便。如果觉得鞋盒外观不统一，也可以购买相宜尺寸的透明鞋盒，如此收纳可以带来更高的整洁度。这样的收纳还有一个好处是鞋子不容易落灰，但缺点是拿取依然有些不便。

透明鞋盒收纳形式

2. 包包的收纳技巧

皮革类包：这类包容易变形，收纳时先要用报纸或废弃的毛巾填充，然后再放入防尘袋中。女士的小包也可以作为填充物放到略大的包中，这种收纳方式非常适合皮质较硬的女士包，同时能够节省收纳时需要的空间。

皮包：这类包包一般较贵，在收纳时最好将其立起来，可以用专门的收纳立架来进行收纳。这样的收纳方式除了能让包立起来之外，还能防止在取出包时带出旁边的包，方便将包取出。包拿出后，位置会空出来，可以帮助提醒物归原位。

帆布包：这种包包的收纳相对简单许多，因其不容易变形，所以可以自由折叠，也可以将包卷起来，然后按照颜色的深浅进行码放，想用时需要用什么色系的，找起来非常方便。大提包最理想的处理办法就是挂起来，适合用中间可以 90° 旋转的 S 形挂钩将大提包侧过来悬挂。

也可以购买专门收纳包包的挂架，充分利用衣柜和柜门的纵向空间，最大化地节约衣柜空间，但在购买时要考虑挂架的承重能力。

收纳包包的专用神器

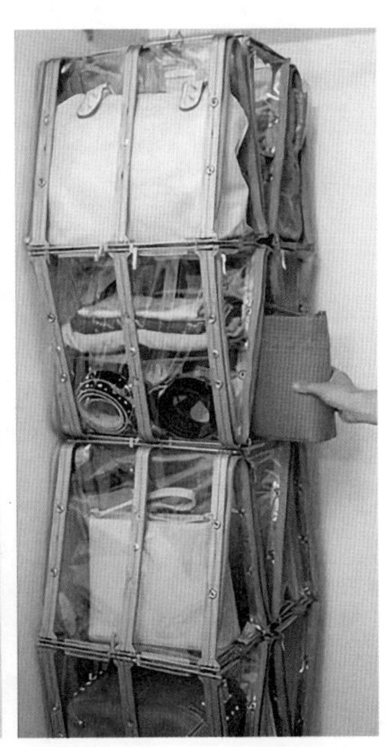

在柜门上安装收纳架

04

饰品和美妆用品：DIY 收纳神器大显身手

对于女性居住者来说，饰品和美妆用品必不可少。这类物品一般比较零碎，且形态不一，给收纳造成了一定的困难。在进行收纳时，可以借助收纳产品，也可以自己动手制作收纳神器为这些小物件提供安身之处。

1. 饰品的收纳技巧

购买的饰品一定要尽可能从包装盒里拿出来，再进行收纳。如此方能一目了然，也便于节省收纳面积。可以找一个抽屉，在底部铺上一层绒布，再用抽屉分隔架进行分区，这样即使开关抽屉，饰品也不会移位、受损。或者将一块 10mm 厚的软木板粘在柜门后，然后钉上钉子，用来悬挂细项链。

品类繁多的饰品收纳盒不仅外形美观，也拥有针对不同饰品的分区，无论想佩戴何种饰品都可以快速找到。对于经常佩戴的饰品或小耳环，不妨大方地展示出来，放在精致的小盘子里，亦可成为居家布置的点睛之笔。

抽屉收纳形式

软木板收纳形式

2. 美妆用品的收纳技巧

可以将美妆常用品的瓶瓶罐罐按照“大、中、小”分成 3 类，将体量较高、较大的用品放在梳妆桌的里面位置，中等体量的用品放在其横向延长线上，小体量的美妆用品则放在大体量的前面。在每类物品中，再按照用途把功能相近的产品摆在一起。这样摆完之后，物品之间高低错落有致，不仅产生视觉上的舒适感，找起东西来也很方便。

若觉得这样收纳之后难以保持整洁，则可以考虑把“大、中、小”3 类美妆物品分别放置于收纳筐里。出于美观考虑，收纳筐最好选择不透明材质。若是想让美妆用品看起来更加隐蔽，最好选择能够遮挡最高用品 70%~80% 高度的款式。

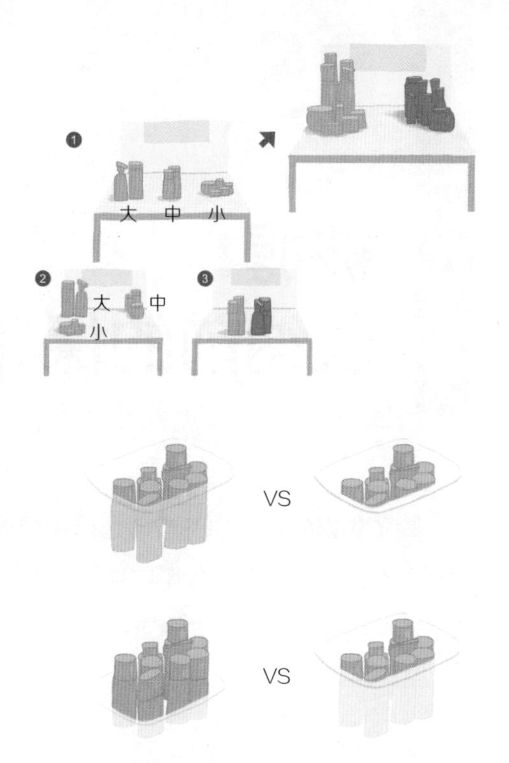

// DIY收纳神器 //

美妆用品收纳盒的制作

针对美妆用品的收纳盒比较多见，可以根据室内风格进行选择。除了购买成品收纳盒，也可以利用亚克力板来自己动手制作。

制作方法：将 2mm 的亚克力板用美工刀按上面的尺寸进行切割，接着用玻璃胶粘贴组合。基本形态组合完成之后，可以用美纹纸将接缝处美化即可。

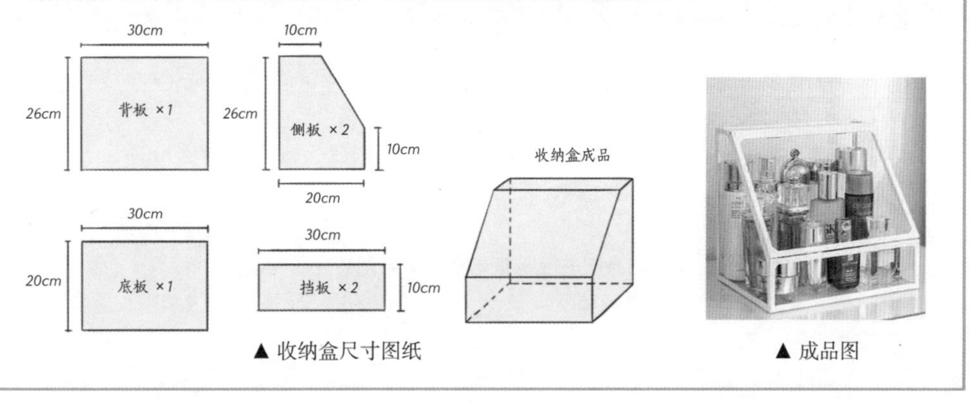

▲ 收纳盒尺寸图纸

▲ 成品图

05

被褥：收纳前的保养工作要做好

除了衣物外，家中的被褥也是需要根据季节来进行收纳的。现在被子的种类多，材质复杂，处理不当不仅影响被子的寿命，也会影响被子的舒适感。因此，学会不同被子的收纳方法就显得尤为重要。

1. 夏凉被的保养与收纳

夏凉被：薄被子的统称，也就常说的空调被，比较常见的有蚕丝被及羽绒被。对于夏凉被而言，使用了一个夏季的被子上残留着大量人体的汗液、皮屑以及空气中的灰尘，不管是放进衣柜还是收纳箱，一定要经过清洁和晾晒杀菌。

种类	清洗技巧	收纳技巧
蚕丝被	◎ 蚕丝被主要成分是纤维蛋白，在遇到水时会收缩，因此不能水洗 ◎ 蚕丝被也不能进行干洗，因为干洗剂会破坏纤维蛋白的氨基酸结构，因此在使用时最好套上被套 ◎ 弄到污渍时，可用洗涤剂进行局部清洁，再放置于通风处进行晾晒风干，或者低温熨烫，避免高温暴晒	◎ 收纳前要清洁干燥，先把被套拆下来单独清洗 ◎ 丝胎放置于通风较为温和的阳光下晾晒，并用手轻轻拍打 ◎ 存放在干燥不易发生霉蛀的地方，并避免重压导致丝胎变薄变硬 ◎ 避免存放于不透气的胶袋中，樟脑丸等不可以放置在被子内

续表

种类	清洗技巧	收纳技巧
羽绒被	◎ 不能水洗，因为羽毛在吸湿之后容易凝结成块 ◎ 一般应到洗衣店请专业人员用羽毛专用清洗剂漂洗，建议 2~3 年清洗一次	◎ 收纳时应尽量减少折叠层数，避免重物挤压 ◎ 保持环境通风干燥，不可存放于不透气的塑胶袋内，以及密封不通风的地方 ◎ 使用带有支撑力度的箱子或者盒子收纳起来

2. 冬被的保养与收纳

冬被：冬天的被子一般比较厚，包含的种类也很多，如蚕丝被、羽绒被、棉被、羊毛被、化纤被等。对于厚被子而言，长期储藏会导致被子中细菌滋长，要经过清洁才能重新使用。

种类	清洗技巧	收纳技巧
羽绒被、蚕丝被	◎ 参见夏凉被	◎ 参见夏凉被
化纤被	◎ 一般常温水洗即可，也可以用洗衣机进行甩干脱水，但不可以干洗 ◎ 不可以氯漂，应避免暴晒 ◎ 化纤材质比较不容易吸湿，一般 1~2 个月晾晒一次，保持蓬松即可	◎ 可用真空压缩袋来收纳，储藏起来比较方便
羊毛被	◎ 羊毛被不能清洗，如果不小心沾污，应去干洗店进行干洗 ◎ 日常使用要经常晾晒，但避免过于频繁和时间过长，一般在通风处晾晒一小时左右 ◎ 千万不可以暴晒，因为高温会使得羊毛油脂产生酸败的哈喇味，而羊毛油脂的变性也会影响羊毛的弹性及保暖性	◎ 羊毛被可以使用真空压缩袋进行压缩储存，但放入压缩袋时最好保持被子平整 ◎ 用无纺布盒进行收纳，这种收纳盒的特点是通风且防霉，可以在盒子里放几个樟脑球，以保证储藏期间可以防虫
传统棉被	◎ 容易吸湿受潮，经常晾晒对于健康非常重要，一般每隔两周应晾晒一次 ◎ 棉花被受挤压容易硬结，会导致保暖性能大大降低。如果家中的棉被已经使用 3 年左右，则要考虑重新弹松再使用 ◎ 棉花被不可以水洗，如果出现黄斑表示已经滋生细菌或者虫类，最好舍弃	◎ 棉被对于收纳的环境并不是很苛刻，只要干燥、无虫即可 ◎ 用真空压缩袋来收藏，非常节省空间 ◎ 棉被不怕压，在叠放中可以置于衣物的底层

06

书籍与纸质物品：需要规划特定的存放区

对于爱看书的家庭来说，书籍的收纳需要规划出专门的存放区域，可以彰显出文化气息。而纸质物品对于每一个家庭来说，都是必须要考虑的收纳单品。纸质物品一般比较繁杂、零碎，在收纳时应找到对应的收纳方式与收纳器具。

1. 书籍的收纳

书籍的多样化分类方式：想让大量的书籍在书架中显得整洁、有序，最重要的方法仍然是将书籍进行分类。分类的方式十分多样，如可以按照尺寸分类，将相同尺寸的书籍放在一起；也可按书籍的内容分类，将同系列的书籍放在一起。如果想让书柜收纳在“颜值”上得到更高提升，则可以将同色系、尺寸大致相同的书摆放在一起。

按书籍内容收纳

按书籍尺寸收纳

按书籍颜色收纳

利用到顶书柜收纳：若是家中书籍非常多，可以将书柜设计到顶，书柜上部不易拿取的部分，放置一些珍藏版的图书，或者不经常翻阅的书籍，而将大量平时看的书籍摆放在适合拿取的位置。另外，书柜的上部空间也可以摆放一些同款收纳盒，以存放一些不常用的杂物。

▶ 利用一面墙打造一个到顶的书柜，可以保证不同种类的书籍都能得到合理安放

收纳关键点

非常规书籍的摆放方式

有些书本和杂志的高度较高，如果采用竖放的方式，书架层板间的高度就要加大，这样做的结果是书柜的收纳量随之减少。可以换个方式，将高的书籍横放收纳，就可节省空间。而像开本较小的漫画书或是小本口袋书、工具书，如果直接放在书柜上，因为开本太小，容易被其他书淹没，不易找寻，而且书的高度矮，书柜的单格空间上面会有很多闲置空间，造成空间的浪费。因此，这类书最好利用纸箱或收纳盒单独进行存放。

2. 报纸、杂志的收纳

全家阅读的书报放在客厅和餐厅，个人阅读的书报则放在方便自己取阅的地方。但由于报纸和杂志具有一定的时效性，并不需要全部保留，因此应及时将不需要的报纸和杂志处理掉，而一些有纪念意义的旧报纸或杂志，则可以整理起来放置在客厅的储物柜里。

另外，也可以在沙发侧面设置一个小型收纳家具，专门放置随时会翻看的报纸或杂志。与书籍不同的是，杂志和报纸的尺寸较大，因此要考虑收纳家具的深度。也可以把随时翻看的杂志和报纸放置在电视柜、茶几的空格处，或者在茶几上放置一个高颜值的杂志收纳架。

▲ 在沙发旁放置一个造型简洁的收纳柜，不会占用太多空间，看完的报纸和杂志也可以随手放置

3. 家电说明书的收纳

家电产品都会附带说明书及保修卡，明白使用方法之后，说明书就很少被翻阅。在使用期间，为了防止不时之需又不能随意丢弃，因此在收纳时应具备一定技巧。由于不常用，在收纳时不必做系统分类，只需在原有塑料袋的两侧贴上标签，写上电器名称即可，然后再利用一个专门的抽屉进行收纳。而保修卡则可以贴在说明书的背面，防止遗失。待到更换电器之时，再将配备的说明书、保修卡及时处理掉。

4. 发票、账单的收纳

发票、单据可以将头尾对齐，再用长尾夹夹好，这样做不仅整齐清爽，而且非常方便查找，要对发票或者找发票时，可一张张翻阅，不会凌乱。如果发票、账单的数量和种类较多，则最好选用专门的分格盒进行收纳。或者可以在台历上粘个纸袋，将该月份要该处理的单据，全部放入袋中，集中管理，不会丢也不易忘。

5. 照片的收纳

打印或冲洗出来的照片一旦接触光线或空气，就会不断褪色或劣化，因此要及时放入相册，并将相册统一收纳到客厅中的干燥柜体中。另外，相册收纳的位置最好要方便拿取，亲朋好友来家中做客时，可以随时翻找出来，和大家分享自己的经历，增加亲密关系。

除了将照片放入相册，也可以选取喜爱的照片放入相框，作为家中的装饰品摆放在电视柜上；或者在沙发背景墙上设置照片墙，但最好选择同类风格的照片进行展示，否则容易显得凌乱。

6. 珍贵信件的收纳

虽然如今已经是互联网时代，很少有人会写信、邮寄贺卡。但由于信件和贺卡是十分具有仪式感的物件，有些人还是会想要留存。这些值得珍藏的重要信件、贺卡最好放在透气性较好的纸盒里，避免阳光直射，并保存在温度、湿度都不会发生剧烈变化的地方。但由于这类物品的使用频率过低，因此要养成定期整理的习惯。期限可以设定为一年，如果再次拿出翻看时没有了珍视的心情，则最好及时处理。

07

厨房器具：要找到合理的收纳方位

厨房中需要收纳的物品很多，包括烹饪用的锅具、刀具等，以及刀叉碗盘等。同时，一些必备的清洁用具也是需要考虑收纳的物品。在收纳这些物品时，要找到合理的收纳方位，在保证空间整洁的同时，方便使用也是非常重要的。

1. 平底锅和锅盖的收纳

平底锅的收纳方法： 由于平底锅在日常烹饪中的使用率较高，可以在炉灶附近放置平底锅架，最好结合空间的大小和纵深，选择层数和搁板高度能调节的类型。材质最好是不锈钢的，不容易生锈。另外，也可以将常用的平底锅放置在水槽下的地柜中，同样拿取比较方便。收纳时可以将书房中的文件盒当作分隔用的收纳器具，将平底锅竖着插入即可。

锅盖的收纳方法： 若是厨房中的台面有限，无法放置专门收纳锅盖的架子，则可以充分考虑柜门背面的空间，在柜门上安装适合放置锅盖的栏杆即可。如果不想每次打开柜门都听到金属的碰撞声，就在柜门背面贴一层软木垫片进行缓冲。

平底锅水槽地柜收纳形式

平底锅台面收纳形式

锅盖柜面收纳形式

2. 炊事用具的收纳

厨房中的炊事用具，如铲子、漏勺等带孔的用具，最好的收纳方式就是将其挂起来。最常见的方式是在墙上安置专门收纳这些物品的吊杆，这种做法既简单，又合理地利用了空间，同时也方便拿取，可谓一举多得。若不想在家中的墙面上打孔，则可以在吊柜底部安装吊杆。

墙面收纳形式

吊柜收纳形式

3. 刀具的收纳

厨房中较为危险的物品，当数刀具。安全起见，可以利用刀架来收纳刀具，也可以利用厨房墙面专门规划一处空间来收纳刀具，这种收纳方式比较适合厨房面积较大，且烹饪时用到的刀具种类较多的家庭。如果家里有儿童，刀具则最好做隐藏式收纳，如将其放在地柜的抽屉中。

墙面式收纳形式

刀架收纳形式

4. 砧板的收纳

刚洗好的砧板最容易把橱柜台面弄得到处都是水，如果没有及时擦干，久了就会有细菌滋生的问题。可以用砧板立架解决收纳问题，其下方一般会设计集水托盘，可承接滴下来的水，也方便将水倒掉。最好选择不易生锈且方便清洁的不锈钢或玻璃材质。如果连放砧板架的地方也没有，可以在厨房墙面钉两根平行挂杆或购买墙面砧板架，来解决砧板的收纳问题。

墙面砧板架收纳形式

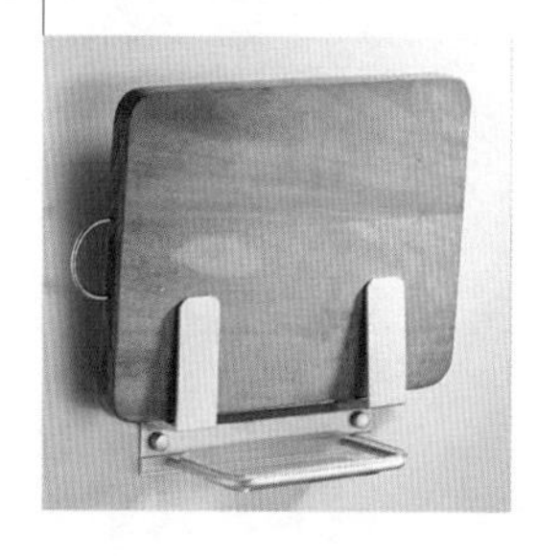

砧板立架收纳形式

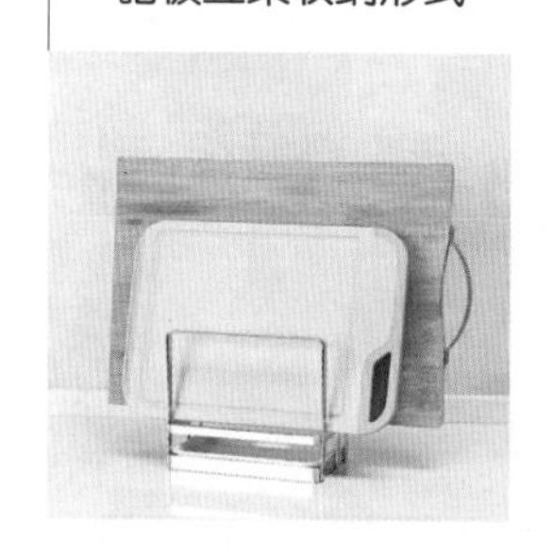

5. 厨房餐具的收纳

筷子、汤匙、刀叉的收纳方法：可以在灶台下面设置一个专门放置餐具的抽屉，隐藏式收纳的方法节省台面空间，也不易令厨房显得杂乱、拥挤。若橱柜台面或厨房墙面的空间富裕，可以选择一款有多个储物格的筷子筒，将筷子、刀叉、汤匙进行分门别类地放置。或者模仿咖啡厅的做法，找几个好看的陶瓷杯或玻璃杯，将餐具按类别放入，还可以在里面放一些时尚的纸巾，以增加空间的美观度。

碗盘的收纳：可以在灶台下面设置专门放置碗盘的收纳拉篮，竖向放置的形式可以充分利用储存空间。有些家庭也会用吊柜来收纳碗盘，但相对于地柜收纳来说使用便捷性上略差，即使安装吊柜拉篮，也存在一定程度上的不安全性。如果橱柜台面充裕，可以购买碗盘收纳架，将部分喜爱并常用的碗盘放置在此。或者充分利用墙面空间，找到一面适合的墙面，定制专门的碗盘收纳架。

抽屉收纳形式

展示柜展示性收纳

6. 厨房清洁用品的收纳

洗碗布、钢丝球的收纳：可以在水槽柜上方专门设计一个可以斜向打开的横柜，将这些清洁小物统一放置在此。但由于这类物品比较潮湿，因此要做好防潮和清洁处理，最好沥干后再进行收纳。也可以充分利用水龙头的区域在此安装挂杆或托盘，来收纳清洁小物，但这种方式不宜收纳过多物品，且对物品的美观度有所要求，否则容易引起视觉上的杂乱。

横柜设计形式

利用水槽柜的收纳形式

结合水龙头的收纳形式

清洁剂的收纳：由于清洁污垢的清洁剂是要用水的，按照就近收纳原则，可以将其放置于水槽柜中，这样不仅方便使用，而且属于隐藏式收纳，不会对家中的整体风格产生影响。另外，还可以在水槽柜中挂一个横杆，一些挤压式包装的清洁剂可以直接挂起来，从而更加充分地利用水槽柜的空间。

抽屉收纳形式

收纳关键点

保证清洁剂瓶子的统一感

如果家里的厨房是低矮的开放式，或者是比较简洁、干净的北欧风，厨房中五颜六色的清洁剂瓶子的确有些煞风景。主人可以按自身喜好购买按压式瓶子进行分装，或者将用完的“颜值”较高的护肤品瓶子清洗干净用来盛装清洁剂，也不失为一个环保的好方法。

08

烹饪用料：应摆放在顺手拿取的地方

烹饪用到的调料、干货等物，在进行收纳之前，需要利用合适的收纳器皿进行分装，并将常用的烹饪用料摆放在能够顺手拿取的位置，而不常用到的物品最好保存到厨房中的干燥区域，做隐藏式收纳。

1. 调料的收纳

调料的收纳方法：首先将家中的干性调料全部拿出，做好常用和不常用的细致分类，在这个过程中，会了解到烹饪时必备和不常用的物品有哪些，甚至很久才会用一次的调料是什么，在以后的采购中就能有效避开不必要买的东西，减少金钱浪费。然后将调料独有的包装拆除，统一分装到透明的玻璃容器中，再在调料容器上贴上标签。尽管关上柜门或是抽屉后，无法看见调料本身，但贴标签的方式仍然能够将不可视化转为可视化，使用时能够快速锁定，不用一个个拿出查看。

夹缝推车收纳形式

调料的收纳方位：利用小型的调料置物架将常用的调料放置在一个特定位置，例如将其放在燃气炉附近，既整洁又方便。其他不常用的调料依旧可以收纳在厨房看不见的地方，只需保证想用时能迅速找到即可。另外，厨房的夹缝空间可以被充分利用起来，冰箱和墙面或操作台间通常会有间隙，可以根据空隙大小选择一个带轮子的置物架，一来十分适合收纳酱油、醋等调料，从而增加台面操作面积；二来也可以提高厨房整体的整洁度。

台面置物架收纳形式

收纳关键点

保证调料瓶的高度一致

在厨房台面或墙面收纳调料是最方便拿取的方式，但若想要厨房显得井井有条又十分明亮，就要做到收纳用具的高度统一，购买成套的防漏油壶可以很好地满足收纳需求。有些收纳建议会利用喝光的饮料瓶来盛装液体调料，但实际上普通的塑料制品并不适合盛装酸性调料。

2. 五谷杂粮的收纳

这类物品怕潮，因此不适合放在水槽下面和两侧的地柜中，而应放置在干燥的柜子中。储存时，可以购买专门的保鲜盒，也可以用矿泉水瓶来储放，这些轻质的瓶子很容易被洗净吹干，密封性好，拿取时不会打碎或泼洒。另外，五谷杂粮也可以用玻璃罐来存放。需要注意的是，最好在收纳的瓶子或罐子上标注这些物品的保质期，以防过期。

3. 面条和干货的收纳

未开封的挂面和意大利面可以直接存放在干燥的抽屉中，开封的则要放入密封容器中，可以购买专门存放面条的瓶子或盒子，同样需要在其外部标注购买日期。

干货类食品基本都要放在容器内保存。如果感觉还是有湿气，可以先将其放进密封袋后再放入瓶罐中。之后将收纳用的瓶罐放入远离水槽区的柜子中。同时，罐子不要叠在一起，而是要立着放。另外，干货买来存放太久就会失去其风味，最好尽早食用。

五谷杂粮、面条与干货的收纳形式

09

冰箱：合理利用空间才能扩大收纳功能

冰箱是现代家居生活中不可缺少的家电，可谓是家中的保鲜机器，可以延长果蔬的储藏时间，也能够提供清凉可口的饮品。但正因为冰箱承载了太多的收纳需求，稍不留心就会成为杂乱的重灾区。与其埋怨冰箱不够大，不如好好地研究如何合理利用冰箱空间。了解什么需要放进去，什么不能放进去，这是冰箱收纳的主要任务。

1. 适合放进冷藏室的食品

常温下保存容易繁殖微生物的食品：平时购买了酸奶、巴氏灭菌奶、奶酪等奶制品后，应该第一时间把它们放进冰箱；另外，剩饭剩菜、各种没有灭菌包装的熟肉、豆制品，开封后的番茄酱、沙茶酱等调味品，常温下保存很容易产生细菌，因此也需要及时放进冷藏室里。

大部分果蔬：大部分蔬菜和北方水果，放在冰箱里储藏，可以延缓植物组织的变质。

加工食品：加工食品一定要注意产品包装上的保存方法说明，别一时大意对它们疏于管理，发生变质的情况。

鸡蛋、鱼干、虾皮、海米等：鸡蛋如果需要保存超过 2 周时间，则冰箱是最佳的存放地。鱼干、虾皮、海米等放入冰箱，可以减少致癌物质亚硝胺类的合成。

饮料：没开封的饮料并不需要冷藏，不用放进冰箱；如想喝冷饮，提前两小时冷藏即可。但是开封之后的饮料，如果一次喝不完，则必须放入冰箱中。

2. 适合放进冷冻室的食品

各种鱼类、肉类和易融化的雪糕，需要存放在冷冻室内。馒头、糕饼等淀粉类食物放在冷冻室不容易变干、变硬。由于茶叶时间久了香味会散失很多，可以将其分装后放进冷冻室。此外，豆类、坚果、水果干容易生虫，在冷冻室里能够储藏得更久。

要充分利用保鲜袋、保鲜盒对食品进行分装，不仅可以保持原有味道，而且也可以令冰箱整齐划一，提升收纳量。

3. 冰箱的不同位置存放不同的食品

冰箱中不同位置的温度不一样，因此各类食品存放的最佳位置也不一样。一般来说，冰箱靠下的位置比靠上的温度更低，靠内壁的地方比靠门边的地方温度更低。

上层靠门处： 上层温度要比下层稍高，适合放置直接入口的熟食、酸奶、甜点等，这些食品要避免温度过低。

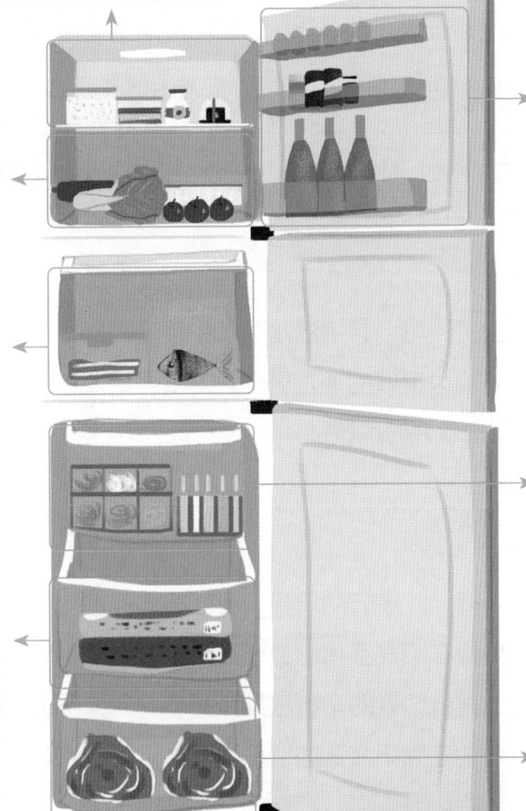

上层后壁处： 后壁处的温度比靠门处低，适合放置不怕冻的食物，包括剩饭菜、牛奶等。剩菜、剩饭要用保鲜盒装好或保鲜膜封好，避免交叉污染和串味。

保鲜层： 购买后 24 小时内要吃的排酸冷藏肉、冰鲜的鱼和其他水产品；如果保鲜层有两个抽屉，建议鱼类和肉类放在下层，和需要冷藏的水果分开存放。

冷冻室中层： 各种自制速冻食品，比如冻饺子、速冻草莓等，和速冻主食一起放在中间层，或者放在上层，必须和鱼肉海鲜类食品分开。

冰箱门架处： 此处温度相对最高，方便拿取，适合放一些在室温下也能暂存，不容易坏或者马上要吃掉的食品，如鸡蛋、奶酪、开封后的饮料、调味品等。

冷冻室上层： 各种熟的面食、面点和其他淀粉类主食，以及各种冷饮。

冷冻室下层： 需要充分加热的生食品，如生鱼、生肉、海鲜类等。

10

季节性物品：选择不常开启的柜体收纳

季节性物品主要包括季节性家电、户外用品、节日道具等。这些物品的特征为不会常年使用，只在一个特定的时间段内发挥使用功能。因此在收纳前，一定要做好物品的清洁工作，可以选择不太常开启的壁柜、橱柜等空间进行收纳。

1. 季节性家电的收纳技巧

季节性家电包括风扇、暖风机、加湿器等，基本保养方法为用软布蘸水清洁，如果遇到顽强的污渍就用稀释过的中性清洁剂清洗，滤网类的电器则可以先用吸尘器吸掉灰尘。

2. 户外用品的收纳技巧

帐篷和睡袋若是弄脏了，可以利用温水稀释中性清洁剂，在较大的盆或浴缸内按压清洗。清洗干净后放在通风良好的地方风干，之后再放入透气性较好的袋子里进行收藏。点火类用品用蘸湿的软性海绵擦拭。

3. 节庆道具的收纳技巧

端午节的鲤鱼旗、人偶，儿童节的玩具，圣诞节的圣诞树等物品都要在节日后尽快收好。收拾完毕后，要放在阳光不直射的通风处。收纳的顺序为：先用鸡毛掸子掸掉附着在道具上的灰尘；再以柔软的干布擦掉金属零件或涂层上的指纹。然后用没有油墨的柔软纸张包覆，收纳在大小合适的盒子里。最后，若将若干节日道具收纳在一个盒子里，为了避免物品碰撞受损，最好塞进纸张隔开，并放入适量的防虫剂。

第5章

收纳场所

精心维护，才能让家始终整洁

很多居住者往往会遇到如下困扰：花费大量时间和精力将家中收拾整洁之后却无法保持，过一段时间又会恢复到杂乱的空间状态。产生这种现象的原因，很大程度在于没有养成维护空间整洁的习惯。收纳并不是一时的兴致使然，而应做到时刻保有收纳意识，并让这种习惯延续到家中的每一位成员。

01

自我检视，查找无法维持房间整洁的原因

在烦恼房间太乱时，要先从自我检视的过程中了解不能维持整洁环境的原因，然后找出最适合自己的整理办法。挑出和自己相似的地方打对号，对号最多的就是自己的类型了，如果两个以上对号都很多，代表你同时具备多种特质。

A 类型

- □ 只要东西还能用就不会丢掉。
- □ 衣服不合身也要坚持保留。
- □ 餐桌上总放着各种报纸和杂志。
- □ 漂亮的礼品盒和包装袋喜欢留着作纪念。
- □ 选购东西的基准是“可爱”而非“实用”。
- □ 听到“赠品”或“打折”就无法抗拒。
- □ 过期的药还放在家里。

B 类型

- □ 两天以上用过的东西摆在外面没有收拾。
- □ 脏衣服总是想放着等会儿再洗。
- □ 晒干的衣服先放在一边，不会立即收拾。
- □ 看着房间太乱，但总是懒得收拾。
- □ 认为收拾东西很麻烦。
- □ 东西脏了不会立即处理。
- □ 洗过和没洗过的衣服杂乱地放在一起。

C 类型

- □ 进门鞋子喜欢乱扔。
- □ 东西没有固定的收纳地点。
- □ 不清楚柜子里都放了什么东西。
- □ 认为打扫工作一次比较有效率。
- □ 会听从别人的意见买衣服，回家却后悔。
- □ 皮包总是乱七八糟，钥匙每次要找很久。
- □ 打扫工具随意摆放，没有经过考虑。

D 类型

- □ 门口非常干净，但鞋柜里却是一团乱。
- □ 即使再忙，餐桌也会收拾干净。
- □ 书摆列得很整齐，但抽屉却很杂乱。
- □ 想穿的衣服很容易找到，饰品却很难找。
- □ 喜欢买很多东西放在家里。
- □ 会突然想起来把很多东西扔掉。
- □ 每天收拾衣物和玩具需要很长时间。

A　舍不得丢东西的类型

性格特点： 你总是优柔寡断，不舍得扔东西，不知不觉中家里的东西就变得越来越多。但是看到各种杂志、报纸、各种试用品和赠品时，还是忍不住拿回家，看到漂亮的包装盒也舍不得丢掉，总会感觉以后会用得到。实际上，大多数你认为“还用得到”的物品，到最后都没用到。这种类型的人很多，虽说勤俭节约是美德，但是学会舍弃也是人生经验的一部分，如果感觉很多东西扔了太可惜，可以尝试用捐赠的方式处理。

解决办法： 在整理物品的时候，可以先从堆放物品太多的衣柜和储物柜开始。然后先把东西进行分类，可以分成“需要”“不需要”“暂时保留”三部分。之后再好好检查“保留”的那部分。如果自己实在不能抉择，可以问问家人是否应该保留。

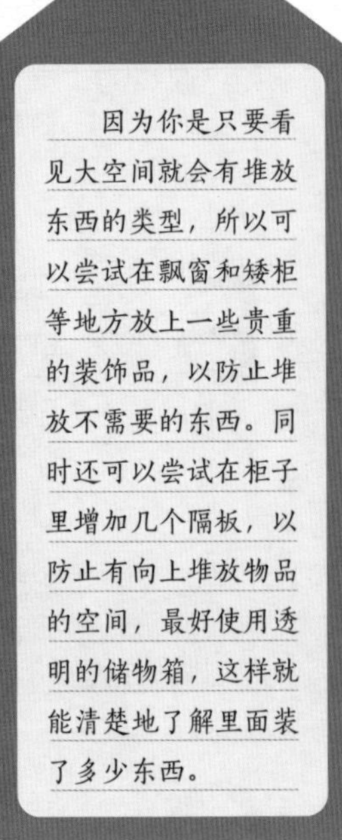

B　个性懒惰的类型

性格特点： 懒惰的人常有明日复明日的思想。明知道这件事应该今天完成却总期待着能够明日去做。思想的懒惰必然导致行动上的延误。明明知道某件事应该做，甚至应该马上做，可却迟迟不做，或硬挺过去。其实人类天生就有享乐的本性，你是个性随和，对家庭生活的空间整洁度要求不高，只希望自己过得随性一些的人。但是好的生活习惯可以让你的生活更加美好。所以可以尝试着慢慢改变自己的生活习惯。

解决办法： 想要改变安于本能的个性，第一步先从整理周遭的环境开始。将物品收在使用场所，打扫工具也放在方便使用的地方，时刻提醒自己要学会收纳整理。然后从最基本的行为做起，给自己制定行为规范，比如吃过的东西要立刻收拾，桌子和地板多久必须擦一次等，慢慢地，你就会发现家庭空间环境变得越来越好。

C　乱放东西的类型

性格特点：你是拿出来的东西，总不记得要放回原位，但是突然有一天，也会一时兴起，开始全面大扫除；即使抽屉里放进隔板，也经常会把东西混着放。想用什么的时候经常会翻得乱七八糟的也找不到。其实这类型的人非常多。想收拾的时候也能收拾得很好，但是不想收拾的时候却是一动也不想动。落差大是这个类型的最大特征。

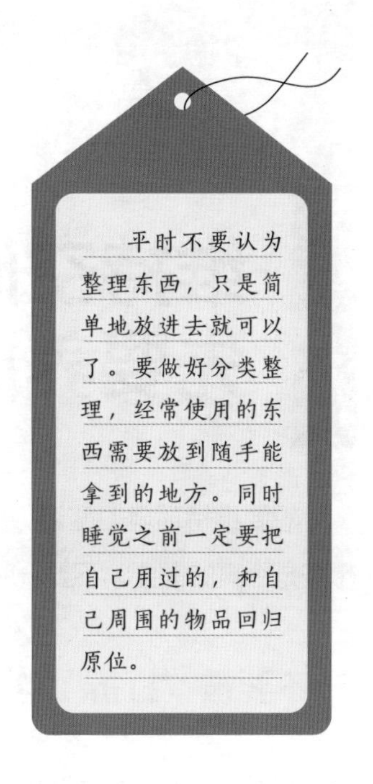

解决办法：由于你一直认为“必要时我能把家里打扫干净”，便在不知不觉中偷懒起来，反而让家里杂乱不堪。不妨定期邀请朋友来家里玩，强迫自己打扫整理。维持整洁的室内环境，打扫朋友能明显看到的地方，享受一尘不染的家居环境，也能提升自己打扫的干劲。

D　喜欢收拾，但缺乏收纳技巧的类型

性格特点：你对收纳整理抱有挺大兴趣，平时也会一直去收拾，但是缺乏一定的收纳技巧。比如，你会把平时装文具等办公用品的抽屉里塞进化妆品、药物等完全不同的种类物品，等想要用时就要翻很多个抽屉才能找到。因为你平时想着收拾整体，所以细微部分总是想放到最后，没有做好分类整理，所以到最后还是因为杂乱的部分感到苦恼。

解决办法：因为你很认真，所以是一旦决定了存放的位置，就能坚持到底的人。解决的办法是把你想要隐藏起来的小抽屉里面的东西全部拿出来，把抽屉隔成一个个小格子，然后把不用的物品处理掉，剩下的就按照类别分类存放。还可以自己动手制作收纳工具，这种类型的人比较勤奋，肯定会乐在其中的。而且慢慢地会发现很多收纳小窍门。

02

维持空间整洁，先要养成购物前思考的习惯

想要维持环境的整洁，就要避免增加物品，这一点相当重要。此外，购物前一定要想好是否真的需要，不要一时冲动买回不需要的东西，既花了冤枉钱，又占用了空间。

1. 不要被“打折”这个词绑架

只买“现在”需要的物品，不要看见打折、促销就买下“将来”可能要用的东西囤在家中，脱离对物品的执念，现在用不上，即使再便宜也是浪费钱，东西多了就会让家变成“仓库”。尤其是化妆品、保养品类的商品，往往因为保质期长而过度囤货，总以为以后可以用，可慢慢地忽略了保质期，再看时已经过期了，所以下次购买时一定要注意，不能过度购买，最后形成浪费。

2. 先想好收纳位置再购买

在购买新东西前一定要想好摆放位置，如果想不出就先不要购买。通常家里东西越来越多，收纳空间总是不够的居住者，都是在没有考虑清楚的状况下，就把东西买回家了。这种做法只会让家里的空间越来越狭窄。

3. 想好东西的使用期限和处理方法

在想象收纳场所的同时，也要思考一下这样东西会用

多久？用到什么状态就需要丢掉？而且，怎样处理这个东西？现代社会越来越注重垃圾分类，分类方式也越来越严格，处理垃圾要比过去花费更多的时间与心力。因此，购买前一定要先想好这个东西的使用价值，以及日后如何处理。如果不想买一个“使用期限短”“事后处理很麻烦的物品”，那就代表你不是那么需要该项物品，所以就请停止购买。

4. 想好是否已经拥有类似的商品

容易冲动消费的人最常发生的问题，就是“不小心又买了同一样物品”。只要看到自己喜欢的物品就忍不住购买，于是又买了类似的商品。这样的居住者需要改善自己的购买习惯，平时就要把物品做好分类，清楚自己拥有哪些东西，在购物时一定要先问自己：“我是不是已经有了类似的物品？”为了避免重复消费，请务必定期审视自己的所有物。

5. 采购前确认库存数量

明明家里已经有了，却不小心又买了很多日用品和食品，或是同一件物品买了两个。这是一般人最容易犯的购物问题。避免重复购买最大的原则，就是采购前一定要检查库存品收纳处与冰箱内部。若是家中根本就没有固定的收纳场所，或是冰箱内务杂乱不堪，就不容易统计库存数量，检查起来也会很麻烦。想要改正自己重复购买的浪费行为，就要先改善收纳习惯，同时让家人也协助保持收纳场所的整洁状态。

购买前可以列出库存清单，避免重复购买：

类别	物品名称	库存数量	类别	物品名称	库存数量
生活用品	卫生纸		食品	酱油	
	抽纸			醋	
	厨房清洁剂			料酒	
	浴室清洁剂			白砂糖	
	厕所清洁剂			盐	
	保鲜膜			油	
	香皂			罐头	
	沐浴露			冷冻食品	
	洗发水、护发素			葱、姜、蒜	

03

琐碎时间巧利用，养成随手整理的习惯

在日常生活中，如果养成随手整理的好习惯，学会利用零碎时间来收拾房间，不仅可以避免物品的大量堆积，也能够将家务劳动时间进行分解，避免遇到需要花费大量时间来做家务而产生疲劳感，或面对大量杂物无从下手的窘境。

1. 养成物归原位和当场收纳的好习惯

想要改变家里乱糟糟的状态，重点在于“物归原位”。当天拿出来用的东西，用完后立刻放回原位。一个不经意的小动作就能避免整理好的空间被“打回原形”。

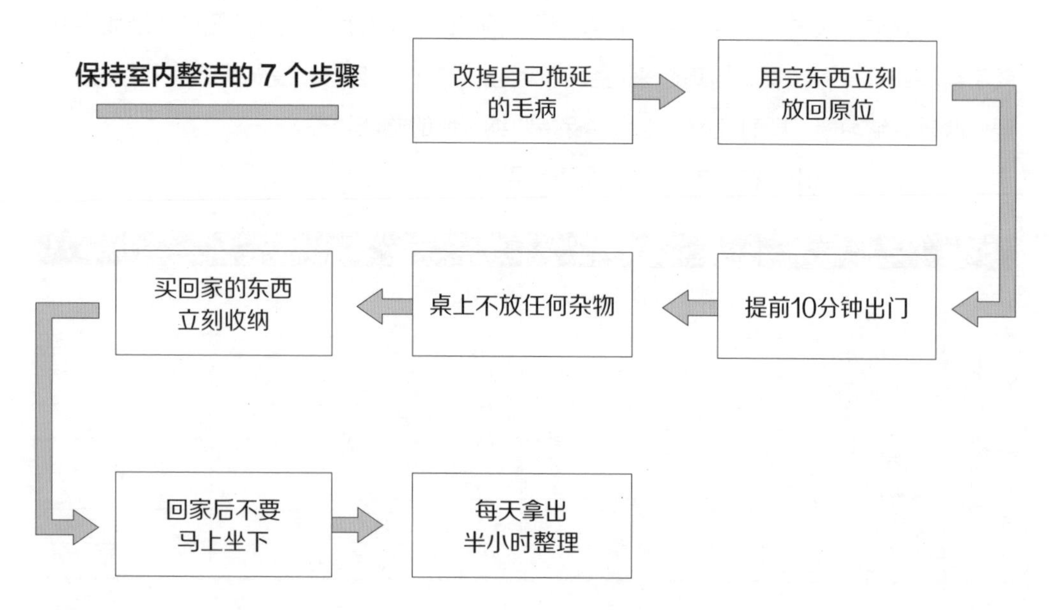

2. 运用零碎时间做收纳

随手整理有时不需要太多时间，短短的 5 分钟就能完成。千万不要小看这短短的 5 分钟，只要坚持就能大幅减少散乱在家里的物品数量。比如吃完东西花 5 分钟整理食物残渣和包装袋，出门前花 5 分钟把桌子整理好，像这样的“举手之劳”，往往能起到很大的作用。

挖掘日常生活中的零碎时间	运用零碎时间能够整理的事
□ 起床后 □ 临睡前 □ 出门前 □ 刚回家 □ 电视广告时间 □ 吃饭后 □ 浴缸里的水放满前	□ 整理刚喝过水的杯子 □ 收拾乱放的报纸和杂志 □ 收拾床铺 □ 整理刚用过的化妆品 □ 检查冰箱食物的保存期限 □ 收拾桌子上的餐具 □ 将遥控器放回收纳盒里 □ 整理书桌上的文具 □ 整理钱包里的单据和发票 □ 将随手摆放的包包放回固定位置 □ 把脱下来的外套挂到指定位置 □ 将放在玄关的鞋子收进鞋柜 □ 检查孩子功课 □ 收拾好光盘和碟片 □ 丢掉桌子上的零食袋 □ 收拾刚晾干的衣服 □ 丢掉不能穿的衣物

04

教导应有方，培养孩子收纳整理的习惯

生活中，许多孩子缺乏物归原处的意识，喜欢随手乱扔东西，究其原因，无非是两种：一种是幼儿期由于自制能力较差，意识不到将物品物归原处不仅整洁有序，还能方便自己和他人对物品的使用。另一种幼儿乱扔物品的问题，往往和家长的教育引导有关系，如家长经常替幼儿收拾东西，使其认为乱了也无妨，收拾是大人的事情，因此缺乏物归原处的意识。

小 测 试

您家里的孩子是否会这样：

- □ 不愿整理自己的物品，喜欢依赖大人。
- □ 不知道如何整理自己的物品，越整越乱。
- □ 用完东西随处乱扔，没有将物品放回原处的习惯。
- □ 经常找不到自己玩过的东西，“忘性”较大。

1. 配合的环境（即给孩子物归原处的空间）

（1）利用家具为孩子创造收纳环境

家中的书柜空出较低的一格或一层给孩子，再指给他看：“这格放爸爸的书，这格放妈妈的书，这格就放你的书，以后你看完书就要放回这个格子。”让孩子觉得受重视，同时也有一个属于孩子的使用空间。

（2）利用收纳物件为孩子创造收纳环境

利用家中现成较大的纸盒、塑料盒、藤编筐等收纳玩具、积木、图书等，就像每个人都有家一样，让他知道每样东西也都有归属的地方。为了使孩子容易记得什么东

▲ 在墙面设置嵌入式书柜，并将其中一个空格留给孩子，让他们从小养成阅读的习惯

西放在哪里，可在盒子上做些标记，可以是他喜欢的图片，小贴画，或是孩子认识的汉字。这样，不但可以帮助孩子养成收拾的习惯，同时也可以学习分类的概念，亦可培养他辨认形状、认字、读写等能力，可谓是一举多得。

▶ 为收纳篮挂上不同颜色的流苏，让孩子自己根据色彩去设定不同玩具对应的存放篮筐

2. 做子女的榜样（正确的示范）

幼儿是看着学、听着学、做着学。家长要时时表现“举手之劳”和“物归原处”的小动作。同时家长可以说明为什么要这么做，不这么做会有什么后果，例如：如果玩具乱丢，没有收拾好，下次则不易找到，或谁不小心踩到会摔跤，或因为到处都是玩具，就没有地方做其他的活动等。

3. 多赞美鼓励、少批评

家长可以尝试多鼓励孩子，激发他学习的动力，养成喜欢帮忙、愿意收拾的习惯。在此过程中也要容忍他做得不好或动作慢，给他机会多学习、练习，熟能生巧，养成好习惯。

05

收纳场所的清洁与保养，整洁家居需要维持

将所有物品摆好后，对收纳场所进行清洁、保养，也是确保舒适生活的一个重要环节。扫除应该分为“即刻扫除”和“全面扫除”，“即刻扫除”也就是看见污垢应立即进行清扫；“全面扫除”也就是定期地进行全面清扫，彻底清除污渍。这样可以保证收纳物品的安全、洁净。

1. 冰箱的清洁、保养

众所周知，家里的冰箱使用一段时间以后，由于生冷食物长期放在密闭空间里，就会滋生细菌，污染食物，产生异味。因此，定期给冰箱做清洁、保养是很重要的。

清洁材料：软布或海绵、清水、洗洁精、白醋。

清洁步骤：

01

给冰箱做清洁前，应先切断冰箱电源，将冰箱内的食物拿出。食物从冷藏室里拿出来后，可以统一放在一个大盆子里或厨房的台子上，如果天气热，可以找一块厚布把食物盖起来。

02

将冰箱冷藏室内的搁架、果蔬盒取出，这些都是易碎品，请小心取出。用抹布蘸着混有洗洁精的水擦洗附件，清洗完毕以后，用抹布擦干，或者放在通风干爽的地方，让它自然风干。冷冻室内的抽屉依次抽出，冷冻的食物也可以不取出来。

03

让冷冻室自然化霜，记得在冰箱底下垫些毛巾，以防止冷冻化霜水流出把地板弄湿。

04

先对冰箱外壳和门体进行清理，用微湿柔软的布擦拭冰箱的外壳和拉手，如果油渍比较多的地方，可以蘸点洗洁精擦洗。

05

软布蘸上清水或洗洁精，轻轻擦洗冷藏内胆，然后蘸清水将洗洁精拭去。清洁冰箱的开关、照明灯和温控器等设施时，请把抹布或海绵拧得干一些。擦冰箱里的灯泡、开关等一些设施时，不要用力过大，以免弄坏。

06

冰箱冷藏、冷冻室内胆清理干净后，需要清理冰箱门胆。门封条用 1∶1 醋水擦拭，这样也可以产生很好的消毒效果。如有需要可用软毛刷清理冰箱背面的通风栅，用干燥的软布或毛巾擦拭干净。

07

冷冻室内的冰融化了，可以用毛巾擦拭干净，切忌用尖锐的物品来铲冷冻蒸发器板上的冰，这样容易铲伤蒸发器，导致冰箱故障。清洗完毕后将门敞开，让冰箱自然风干。

08

清洁完毕，插上电源，检查温度控制器是否设定在正确位置。最好每两周清洗一次冰箱，或至少每月清空冰箱一次，将过期、坏掉、不宜再存放的食物丢弃，并彻底清洗冰箱。

09

冰箱运行 1 小时左右，检查冰箱温度内是否下降，然后将食物放进冰箱。这个时候，冰箱清洗就完成了。

TIPS

□ 清洁时，要确保水不能进入灯盒内，防止漏电。

□ 除门封条外，箱体应该用软毛巾蘸温水或中性清洁剂擦洗。冰箱门封条必须用清水擦洗，并且用干布擦净。

□ 要经常清理冷藏室内的出水口，防止杂物太多，造成出水口堵塞。

□ 不要用含有研磨剂（例如牙膏）、酸性物、化学溶剂（例如酒精）或含有擦光剂的清洁剂擦洗，以免对箱体造成划痕。

2. 衣柜、鞋柜的清洁、保养

若是长期不清理衣柜和鞋柜，后续保养会很麻烦。由于这两处很容易蓄积湿气，因此要选晴天进行清理。

清洁、保养衣柜、鞋柜的方法

分类	方法
除衣柜、鞋柜上的油墨迹	可在一份水中加两份白醋，用海绵蘸混合液抹拭木制衣柜或鞋柜上的油墨迹，然后清洗并使其干燥
除衣柜、鞋柜上的水印	衣柜、鞋柜因滴上水没有及时抹净，过一段时间，水渗入漆膜空隙并积存，使漆膜泛起一种水印。这种情况下，只要将水印痕上盖上一块干净湿布，然后小心地用熨斗熨湿布，这样聚集在水印里的水会被蒸
白色衣柜、鞋柜变黄的处理	衣柜或是鞋柜表面的白色油漆，日久会变色，可用抹布蘸牙膏抹试，注意不要用力过猛，也可把两个蛋黄搅匀，用软刷子往发黄的地方涂，干后用软布小心抹干净即可
除衣柜、鞋柜上的油污	残茶是极好的清洁剂，抹后再喷少量的玉米粉进行抹试，最后将玉米粉抹净即可。玉米粉能吸收所有吸附在衣柜表面的脏物，使漆面光滑明亮
衣柜刮伤的处理	如果是实木衣柜不小心被刮伤，但未触及漆膜以下的木质，可用软布蘸少许溶化的蜡液，涂在漆膜伤处，覆盖伤痕。待蜡质变硬后，再涂上一层。如此反复多涂几次，即可将漆膜伤痕掩盖
漆膜烧痕修复法	如果柜体漆膜被烟头、烟灰或未熄灭的火柴等物灼伤，留下焦痕而未烧焦漆膜以下的木质，可以用小块细纹硬布包一根筷子头，轻轻抹拭烧灼痕迹，然后涂上一层薄蜡液焦痕即可除去

3. 衣柜防霉措施

如果衣柜已经发霉，在清理时尽可能不要用水，以免衣柜进一步受潮发霉，建议用纸巾或干的布把霉擦掉，保持柜子通风透气，散除霉味，同时那些受柜子发霉牵连的衣物一定要洗干净，并且干燥后再摆放回柜子里面。

避免衣柜发霉的方法

分类	方法
衣服要晒干	很多人都遇到过这种不好的情况，就是衣柜里面发霉了，霉菌染到了衣服上面，把衣服弄脏了，甚至弄坏了，这主要是由于衣柜受潮发霉造成的，所以我们第一个要解决的问题就是衣服一定要晒干，衣服彻底晒干后才摆进衣柜，这样从一定程度上可以保持衣柜的干燥程度，降低发霉的概率
保持通风透气	柜子发霉的一个原因是受潮后不能快速通风干燥，所以平时在天气晴朗时，打开柜子与室内门窗等，保持居室的通风透气。这样可以利于房间保持干燥清爽，同时柜子也不容易受潮发霉 **备注：**一定要注意天气情况，如果是下雨潮湿的天气就尽可能不要打开柜子。要关紧门窗，拒绝外面空气里的湿气进入家里，预防柜子及柜子里的物品受潮发霉
衣柜远离水源	柜子发霉的另一个原因往往是因为柜子背后的墙面潮湿，墙的另一面是水源或厨房、卫生间等较潮湿的区域，这种情况下衣柜会经常发霉。尤其是家居的防水没做好的时候，最好将衣柜移开，重新换一个位置摆放；平时也可要在衣柜中放一些除湿的东西（如除湿剂），预防衣柜受潮
摆放除湿防霉物件	摆放盒装除湿剂也是防霉的一个好方法，毕竟衣柜发霉是由于受潮引起，在衣柜里面摆放除湿剂可以吸取柜子里面的水分，保持柜子的干燥环境，保持柜子衣物干燥，轻松达到防潮防霉的效果 **备注：**喜爱喝茶的人也可以将干茶叶装入纱布袋，分散在各处，不仅能去除霉味，还能让衣物散发阵阵清香；煮咖啡剩下的咖啡渣也兼具吸湿除臭双重效果，把咖啡渣晒干后放在干净的纱布袋或旧袜子里扎紧，就变成简易的除湿包了。另外还有竹炭包等用来防潮防霉的小物件都适合摆放在衣柜里面。另外，樟脑丸也是很多人的选择，但樟脑丸的气味对婴儿、孕妇健康不利，所以使用时要注意
铺垫报纸	报纸是个宝，尤其是用在衣柜防霉防潮上。在衣柜底部铺上报纸，或者在衣柜门内侧贴上报纸。报纸能吸湿防霉，独特的油墨味道还能驱虫。所以报纸在衣柜防潮防霉的作用上不可小觑
防霉配方油漆	需要在进行家居装修时就选择好，选用含有防霉配方的油漆来涂刷家居的墙面，这样可以有效防止霉菌萌芽及对阻止细菌滋生，并使污垢不易附着，耐擦洗，比较适用于浴室和厨房、地下室墙面易潮湿等场所。降低家居环境的潮湿，限制霉菌的滋生，对保持衣柜干燥也是有好处的

4. 橱柜的清洁、保养

厨房是家庭“重地”，民以食为天，一天三餐都要吃饭，因此在日常生活中厨房的使用率是很高的，但是厨房里油烟很大，所以产生的污渍也比其他地方多，且比较难清洁。橱柜可是厨房的主导体，自然也要好好养护，才能更好地使用。

橱柜不同部位的清洁、保养方法

分类	方法
橱柜门板保养	◎ 避免台面上的水流下来浸泡到门板，否则长久后会产生变形 ◎ 门板合页及拉手出现松动及异响，应及时调校或通知厂家维修 ◎ 实木门板可使用家具水蜡清洁保养。水晶门板可用绒布蘸温水或中性清洁剂擦拭
橱柜门板清洁	◎ 油漆类门板不可用可溶性清洁剂 ◎ 所有苯类溶剂和树脂类溶剂不宜做面板清洁剂
橱柜柜体保养	◎ 吊柜的承载力一般不如地柜，所以吊柜内适合放置轻的物品，如调味罐及玻璃杯等，重物最好放在地柜里 ◎ 放入柜内的器皿应该清洗干净后再放入，特别要注意需把器皿擦干 ◎ 橱柜中的五金件用干布擦拭，避免水滴留在表面造成水痕 ◎ 料理台的水槽可以事先用细丝兜住内部滤盒，防止菜屑及细小残渣堵住水管
橱柜柜体清洁	◎ 每次清洗水槽时，要记得把滤盒后的管部颈端一并清洗，以免长期堆积的油垢愈积愈厚 ◎ 如果油垢长期堆积在水槽管道内，不易洗净，可以在水槽内倒一些厨房去油渍的清洁剂，然后用热水冲，再以冷水冲洗干净
橱柜台面保养	◎ 应该避免热锅、热水壶直接与橱柜接触，最好能置于锅架上 ◎ 操作中应尽量避免用尖锐的物品触击台面、门板，以免产生划痕。无论选择何种台面，都应在砧板上切菜料理食物，除了可以避免留下刀痕之外，还能做到更好地清洁卫生 ◎ 一般材质的台面，有气泡和缝隙，如果有色液体渗透其中会造成污渍或变色，因此应避免染料或染发剂直接置于台面上 ◎ 化学物质的侵蚀，对于很多材质来说是不允许的。例如，不锈钢台面沾到盐分就有可能生锈，因此平时应注意避免将酱油瓶等物品直接放在台面上 ◎ 人造板材橱柜应避免积水长时间滞留在台面上
橱柜台面清洁	◎ 人造石和不锈钢材质的橱柜切忌用硬质百洁布、钢丝球、化学剂擦拭或钢刷磨洗，要用软毛巾、软百洁布带水擦或用光亮剂，否则会造成刮痕或侵蚀 ◎ 防火板材质的橱柜可使用家用清洁剂，用尼龙刷或尼龙球擦拭，再用湿热布巾擦拭，最后用干布擦拭 ◎ 天然石台面宜用软百洁布，不能用甲苯类清洁剂擦，否则难以清除花白斑。清除水垢时，不能使用酸性较强的洁厕粉、稀盐酸等，否则会损坏釉面，使其失去光泽 ◎ 如果橱柜是原木材质，应先用掸子把灰尘清除干净，再以干布或蘸原木保养专用乳液来擦拭，切勿使用湿抹布及油类清洁品